高校计算机专业应用型人才培养研究

黄苏雨　著

吉林人民出版社

图书在版编目（CIP）数据

高校计算机专业应用型人才培养研究 ／ 黄苏雨著
. — 长春：吉林人民出版社，2023.12
　　ISBN 978-7-206-20790-7

　　Ⅰ．①高… Ⅱ．①黄… Ⅲ．①高等学校－电子计算机
－人才培养－研究－中国 Ⅳ．①TP3

中国国家版本馆CIP数据核字(2023)第251257号

高校计算机专业应用型人才培养研究

GAOXIAO JISUANJI ZHUANYE YINGYONG XING RENCAI PEIYANG YANJIU

著　　者：黄苏雨
责任编辑：张文君　　　　　　　　封面设计：郑艳芹
出版发行：吉林人民出版社（长春市人民大街 7548 号　邮政编码：130022）
印　　刷：廊坊市广阳区九洲印刷厂
开　　本：787mm×1092mm　　　1/16
印　　张：10.5　　　　　　　　字　　数：240 千字
标准书号：ISBN 978-7-206-20790-7
版　　次：2023 年 12 月第 1 版　　印　　次：2023 年 12 月第 1 次印刷
定　　价：68.00 元

前　言

　　随着高职院校培养出来的计算机专业人才逐步走向社会，社会对高职院校培养出来的计算机人才的使用情况也进行了及时反馈。从反馈的情况来看，当前的高职院校计算机专业传统教学模式存在诸多问题，已经严重影响到计算机专业人才的培养。为了让培养出来的计算机专业人才能更好地适应市场经济的发展需要，当前的高职院校必须要积极探索和创新专业教学改革，以真正达到培养出社会及市场需要的高素质应用型技能人才的目的。

　　计算机基础教育是培养学生信息素养、普及计算机知识、推广计算机应用的重要途径。随着国民经济的高速发展以及计算机应用的广泛与深入，学生对计算机知识的要求也在逐步提高。现阶段计算机教育正面临着新的挑战。长期以来，多数计算机基础课程沿用传统的教学方式，缺乏创新意识，使得学生对这一课程缺乏足够的兴趣和重视。为了解决这一问题，使学生可以正确利用计算机解决生活和学习中遇到的问题，笔者对计算机专业应用型人才培养进行了研究。

　　计算机应用能力是当代社会中不可或缺的部分，计算机基础课程质量的好坏将直接影响广大学生的学习效果，因此计算机基础课程改革与教学优化是现阶段亟待解决的问题。本书如有不足之处，望广大读者批评指正。

目　录

第一章 导论

第一节 研究背景与意义

一、研究背景

在现代信息社会中，计算机作为技术进步的产物，其应用已经扩展到社会的各个层面。过去50多年的计算机发展可以用"快"字来形容，计算机对人类生活的影响可以用"不可估量"四个字概括。目前，信息高速公路随处可见，"计算机文化"的概念深深植根于人们的心中。曾经提出的"将计算机从计算机专家手中解放出来并成为大众手中的工具"的想法现在已成为现实。计算机普及的第二个高潮阶段具有全面而多层次的特点，普及对象范围大。这种计算机普及是由政府召集、组织和推动的。作为一种专业和职业要求技能，计算机已成为寻找工作的基本技能，如果不掌握计算机技术，就很难掌握先进的科学技术，在激烈的竞争中则会失去优势。对计算机的了解已经成为现代知识分子掌握知识的一个组成部分，并已成为人类文化的重要组成部分。网络和多媒体技术的发展使计算机应用进入了一个新的世界。10多年前，计算机科学家提出的"全球计算机联合"概念成为现实，计算机技术的实现导致世界变得越来越小。计算机将人们带入了信息社会，并丰富了人类的生活，改变了人们的生活和工作方式。由此可见，计算机将改变世界。

人们开始明白，我们正在经历一场将世界推向更高水平的新革命。在21世纪，人们将面临科学技术迅速发展的新世界，许多旧的想法和工作方法将被新的想法和工作方法所取代。21世纪的学校和毕业生的质量将与过去存在很大不同。谁能抓住这个机遇，谁就能迅速发展并获得主动权，反之将会处于落后和被动状态。

计算机教育也越来越受到关注。教育部将计算机基础教育作为各级学校的重要课程之一，并大力推广和发展。当回顾高校的计算机教育时，我们能清晰地看到我们所面临的情况发生了很多变化，具体如下：

①社会信息化呈现纵深的发展趋势，在各行各业中迅速发展。数字化图书馆、电子商务、数字校园等信息化应用现象层出不穷。

②现代企业和单位对求职学生的计算机能力要求与日俱增，就目前情形来看，计算机水平和外语水平已成为衡量求职者的重要参考指标，说明社会的信息化发展趋势显著影响了学校对学生信息化素养的培养要求。

③中小学的计算机教育正在向正确的轨道发展。教育部制定了中小学信息技术领域的教育计划和课程，并逐步改善中小学信息技术教育。因此，高校一年级学生的计算机初步知识将得到明显的改善。

④计算机技术广泛应用于众多学科的课程教学中，已成为一种重要的课程教学辅助手段。无论是教师还是学生，都需要具备一定的计算机技能，才能很好地应对课程教学过程中需要解决的问题。

计算机应用能力是学生必备的一种学习和生活技能，已成为学生知识结构的重要组成部分。因此，全国各大高校积极开设计算机教学课程，这与学生未来在专业中应用计算机的能力有直接关系。如何改革计算机课程以及如何优化教学质量是一个非常重要的研究方向。

二、研究意义

（一）理论意义

课程作为组织教学活动的一个基本框架，对于学生的思维形式、学习能力等方面的发展能够起到非常重要的作用。特别是伴随着时代的发展、社会的进步，其形式也更加丰富多彩。研究计算机基础教育方面的课程改革，探索教学优化对于学生课程学习的实效性，对于提升教学质量有着重要的作用，这也是笔者研究的意义所在。

（二）实践意义

第一，从目前的计算机教育状况来看，计算机技术已远在千里之外。在传统的封闭式课程框架内学习的学生，将越来越难以满足社会对专业人才的需求。通过计算机基础课程的改革和教学方式的优化，可以更有效地培养具有信息素养的人才。

第二，对于学生来说，现代教育更注重提高学生的实践能力、创新思维、研究并解决问题的能力等。通过计算机基础教育，培养学生的计算机技能和计算思维，有利于帮助学生达到现代教育的目标。

第三，教师在教学活动中扮演着重要的角色，具有一定的主导作用，需要从整体层面对学生的学习进程、学习能力以及知识掌握程度进行了解。社会对于教师的要求在不断提高，计算机基础课程改革和教学优化更利于教师自身素质和教学水平的提高，对更新知识起到一定的推动作用。

第四，从计算机基础课程的设置定位来说，它更趋向于实践操作性，而计算机教学探索的一个关键点也正是实践能力的应用及提高，通过计算机基础课程的改革和教学优化，使学生的实践操作能力能够得到更好的提高。

第二节　相关概念的界定

一、计算机学科的概述

计算机学科即计算机科学与技术，是研究计算机的设计与制造并利用计算机进行信息获取、表示、存储、处理、控制等的理论、原则、方法和技术的学科。计算机学科是组成计算学科的一部分。计算学科是以计算机为基础建立数学模型和模拟物理过程，以此来完成科学调查以及科学研究。它包括信息学、计算机工程、软件开发和其他学科，而计算机科学与技术学科仅包含这些学科的最基本内容。

想要对计算机科学这门学科进行深入改革，首先必须对计算机科学以及技术学科的相关定义以及原理进行认识，只有这样才能全方位地促进计算机科学的改革进程。根据计算机学科的定义可以知道，计算机科学这门学科是在数学、物理和电子工程的基础上发展而成的。因此，计算机科学包含知识更加全面，具有一定的综合功能。但与此同时，对学生的学习能力要求也很高。因此，在学习过程中，除了研究理论基础，还应更加注重学生的实践和综合应用能力。

二、计算机专业课程

计算机专业主要学习计算机科学与技术方面的理论和技能操作。该专业要求基础扎实、知识面宽、能力强、素质高，具有创新精神，系统掌握计算机硬件、软件的基本理论与应用基本技能，具有较强的实践能力，能在企事业单位、政府机关、行政管理部门从事计算机技术研究和应用，硬件、软件和网络技术的开发，以及计算机管理和维护。

该专业的主要课程有电路原理、模拟电子技术、数字逻辑、数值分析、计算机原理、微型计算机技术、计算机系统结构、计算机网络、高级语言、汇编语言、数据结构、操作系统、数据库原理、编译原理、图形学、人工智能、计算方法、离散数学、概率统计、线性代数、人机交互、面向对象的程序设计、计算机英语等。

三、非计算机专业计算机课程

对于非计算机专业计算机课程可分为两个层面。一个层面是计算机基础课程，其主要的教学目的是要求他们对计算机有基本的了解，能够进行简单的工作、学习或生活软件操作；另一个层面是适应不同专业方向的计算机应用技术课程群，其主要教学目的是培养学生利用计算机技术解决自身专业问题和困难的能力。这些课程在目标设定上更注重能力的培养，特别是独立思考的能力、协作学习及动手能力的培养。

特别需要说明的是，本书在后面章节中提到的计算机课程在没有特别说明之前，它是指非计算机专业的计算机课程。

四、计算机基础教育

我国的计算机基础教育从无到有、由点到面，从少数理工科专业率先实践，到所有高校的非计算机专业都普遍开设了相关课程，计算机基础教育得到了极大的发展。高等学校的计算机教育有两类不同的范畴：一种是指计算机专业的学科教育即计算机专业教育；另一种是指面向全体大学生的计算机基础教育。非计算机专业的学生占全体学生数量的 90% 以上，他们的计算机基础教育是为非计算机专业学生提供的计算机知识、能力与素质方面的教育，旨在使学生掌握计算机及其他相关信息技术的基本知识，培养学生利用计算机解决问题的意识与能力，提高学生的计算机素质，为将来应用计算机知识与技术解决自身专业实际问题打下基础。

五、课程改革的定义

（一）课程的概述

课程是对学生应该学习的综合科目以及学生学习计划的总规划。课程结合了教育目标、教学内容、教学方式和课程实施过程的教学大纲以及教学课程等。所谓广义的课程，就是指为实现培养目标，学校选择的教育内容和进程的总和。其中包括学校讲师讲的每个科目以及有计划性或者针对性的教育组织。而所谓的狭义的课程，则仅仅代表着一门单一的学科。

对于课程的概念以及定义，国内外诸多学者持有不同的意见和看法，以西方学者为代表的看法主要体现在以下书籍中，如《课程即教育内容或教材》《课程是所设计的一种活动计划》等。而国内对课程则有不同的看法，主要注重课程教学经验、课程教学内容、不同学科课程安排等。

（二）课程的形式

（1）分科课程与活动课程

分科课程是指从不同门类的学科中选取知识，按照知识的逻辑体系，以分科教学的形式向学生传授知识的课程。分科课程与学科课程基本上是一致的，分科课程强调的是课程内容的组织形式，而学科课程强调的是课程内容固有的属性。活动课程亦称经验课程、儿童中心课程，是与学科课程对立的课程类型，它以学生从事某种活动的兴趣和动机为中心组织课程，因此也称动机论。活动课程的思想可以溯源到法国自然主义教育思想家卢梭。

（2）核心课程与外围课程

核心课程对各门学科进行分块处理的方法表示不赞同，认为应将各门学科中的若干重要学科进行整合，将其构成一个完整的、范围较广的科目，并将这一科目列入学生必选课程之一，使这一必选科目与其他学科相结合，共同组成教学课程。外围课程是指核心课程以外的课程，它适用于不同的学习对象，它与大多数学生和所有学生的基础课程不同，是基于学生存在的差异而形成的一种课程类型。与基础课程相比，其稳定性较弱，会依据环境条件的变化、年龄和其他差异的变化而随之变化。核心课程与外围课程的区别可以用特殊与普通、抽象与具体之间的关系来体现，两者之间存在差异，却又相辅相成。

（3）显性课程与隐性课程

显性课程是指利用最明显、最直接的方式展现出来的教学课程，通常执行主体为教师，由教师在教学过程中直接体现，比如最常见的课程表。隐性课程与显性课程相反，是指除显性课程以外的其他一切可促进学生发展的资源、环境以及文化等。

隐性课程和显性课程之间有三个区别。首先，从学生培训的结果来看，学生主要接受隐性课程的非学术知识，而在显性课程中获取的主要是学术知识；其次，体现在计划性方面，隐性课程通常是不经计划和安排的教学活动，学习过程中大多数学生无意识地使用隐藏的经验，而显性课程则通过培训进行规划和组织，学生通常对这一类型课程有较大兴趣；再次，在学习环境中，隐形课程通过学校的自然和社会环境进行，而教科书教学的实施为显性课程。

（4）研究型课程

研究型课程大体可分为三个部分，包括基础型、扩展型和探究型。研究型课程具有两个特点：一是按照目标来看，研究型课程在目标上有着明确的开放性特点；二是按照内容来看，研究型课程更注重内容上的综合性、弹性和开放性。研究型课程的组织，主要是以调查为主要教学方法的综合教学活动，在实施过程中，教师应在课程的选择方面体现合作与独立相结合的特点。学生的研究过程既有个人行为，也有学生之间的互动和沟通行为。因此，在课程的组织过程中，需要同时具有个体活动和交流活动的课程组织形式。即在对教学课题进行研究时，需要综合考虑以上两种互动，相互结合使用。研究型课程评估，由于研究型课程对课程研究目的和研究内容没有固定要求，因此在课程评估中使用目标评估是不切实际的，应使用程序评估方法。因此，研究课程的评估具有程序特征。

（三）课程的制约因素

课程是一种呈现不断变化形式的社会现象。自课程诞生以来，它一直以变革和发展的形式存在。课程中社会、学生、学科知识因素对课程的制约有很深的作用，这三个客观因素在制约课程中关系复杂且相对独立，但独立不是孤立。

"三因素"在制约课程中是以立体关系存在的，而不是平面关系，三者处于两个层次状态，制约课程中社会因素处于第一层次，对课程最终的设计目的具有重要的决定作用。制约课程的第二层因素是学生因素，它在课程设计的具体焦点和具体立足点中起着决定性的作用。对课程有限制性影响的知识因素介于第一层次和第二层次之间。它为选择和更新课程内容提供了更好的来源和基础。

在制约课程中，"三因素"之间是相互矛盾的，对其中任何一种因素夸大其词都是不可取的。根据经验来讲，不管是"学科中心论""社会中心论"还是"儿童中心论"，都是单一存在的。无论哪种论点只是强调了限制课程的因素之一，而忽视或不注意其他两个因素，它都会切断三者之间的联系，否定它们之间的对立统一性。

（四）课程改革的定义

课程改革是学习和教学方式的变化。在课程改革中，强调形成积极主动的学习态度，对知识转移的趋势给了足够的关注，使获取知识和技能的过程成为一个学习过程，通过学习形成正确的价值观。传统教学方法具有"被动、依赖、统一"等不足，现代教学方法的转变正是对传统教学方法的缺点进行改善的过程。

新课程改革的核心理念是"一切以学生为中心，一切为了促进学生的发展"。这里的"一切"指的是学校所有教育教学策略的制定、教学方法的使用都应以人为本，促进学生健康发展。这里的"学生"包含范围较广，泛指整个学校的学生。"发展"在这里指的是学校的教育教学以及所有课外活动的实施目标，均是以帮助学生发展为主要准则，最终帮助学生获得社会基本生存技能，使他们掌握独立学习的能力、与人合作的能力、收集和处理信息的能力、学习做事的能力、靠自己生存的能力，确保我们的下一代能够在未来社会生存并促进社会繁荣发展。用一句话来概括，可以说是"一切的一切都是为了学生发展"。

当然，在促进学生发展的进程中，需要明确的是首先应当完成学生的基础教育，把学生培养成为合格的中国公民，在此基础上，才能进一步深入对学生的培养，使学生发展成为"社会主义事业的建设者和接班人"。

第三节　新的计算机科学技术与教学模式

一、新的计算机科学技术

（一）物联网

物联网是新一代信息技术的重要组成部分，也是信息化时代的重要发展阶段。其英文名称是 Internet of Things（IoT）。顾名思义，物联网就是物物相连的互联网。这有两层意思：其一，物联网的核心和基础仍然是互联网，是在互联网基础上延伸和扩展的网络；其二，其用户端延伸和扩展到了任何物品与物品之间进行信息交换和通信，也就是物物相息。物联网通过智能感知、识别技术与普适计算等通信感知技术，广泛应用于网络的融合中，也因此被称为继计算机、互联网之后世界信息产业发展的第三次浪潮。物联网是互联网的应用拓展，与其说物联网是网络，不如说物联网是业务和应用。因此，应用创新是物联网发展的核心，以用户体验为核心的创新是物联网发展的灵魂。

（二）云计算

云计算（Cloud Computing）是基于互联网的相关服务的增加、使用和交付模式，通常涉及通过互联网来提供动态易扩展且经常是虚拟化的资源。云是网络、互联网的一种比喻说法。过去在网络结构图中往往用云来表示电信网，后来也用来表示互联网和底层基础设施的抽象。因此，云计算甚至可以让你体验每秒 10 万亿次的运算能力，拥有这么强大的计算能力可以模拟核爆炸、预测气候变化和市场发展趋势。用户通过电脑、笔记本、手机等方式接入数据中心，按自己的需求进行运算。

对云计算的定义有多种说法。对于到底什么是云计算，至少可以找到 100 种解释。现阶段广为接受的是美国国家标准与技术研究院（NIST）的定义：云计算是一种按使用量付费的模式，这种模式提供可用的、便捷的、按需的网络访问，进入可配置的计算资源共享池（资源包括网络、服务器、存储、应用软件、服务），这些资源能够被快速提供，只需投入很少的管理工作，或与服务供应商进行很少的交互。

（三）大数据

对于大数据（Big Data），研究机构 Gartner 给出了这样的定义：大数据是需要新处理模式才能具有更强的决策力、洞察发现力和流程优化能力来适应海量、高增长率和多样化的信息资产。麦肯锡全球研究所给出的定义是：一种规模大到在获取、存储、管理、分析方面大大超出了传统数据库软件工具能力范围的数据集合，具有海量的数据规模、快速的数据流转、多样的数据类型和价值密度低四大特征。

大数据技术的战略意义不在于掌握庞大的数据信息，而在于对这些含有意义的数据进行专业化处理。换言之，如果把大数据比作一种产业，那么这种产业实现盈利的关键，在于提高对数据的加工能力，通过加工实现数据的增值。

从技术上看，大数据与云计算的关系就像一枚硬币的正反面一样密不可分。大数据必然无法用单台的计算机进行处理，必须采用分布式架构。它的特色在于对海量数据进行分布式数据挖掘。但它必须依托云计算的分布式处理、分布式数据库和云存储、虚拟化技术。随着云时代的来临，大数据也吸引了越来越多的关注。分析师团队认为，大数据通常用来形容一个公司创造的大量非结构化数据和半结构化数据，这些数据下载到关系型数据库用于分析时会花费过多时间和金钱。大数据分析常和云计算联系到一起，因为实时的大型数据集分析需要像 Map Reduce 一样的框架来向数十、数百甚至数千的电脑分配工作。

大数据需要特殊的技术，以有效地处理大量的容忍经过时间内的数据。适用于大数据的技术，包括大规模并行处理（MPP）数据库、数据挖掘、分布式文件系统、分布式数据库、云计算平台、互联网和可扩展的存储系统。

（四）人工智能

人工智能的定义可以分为两部分，即"人工"和"智能"。"人工"比较好理解，争议性也不大。有时我们会考虑什么是人力所能及制造的，或者人自身的智能程度有没有高到可以创造人工智能的地步，等等。

关于什么是"智能"，问题就多了。这涉及其他诸如意识（consciousness）、自我（self）、思维（mind）（包括无意识的思维 unconsciousmind）等问题。人唯一了解的智能是人本身的智能，这是普遍认同的观点。但是我们对我们自身智能的理解都非常有限，对构成人的智能的必要元素也了解有限，所以就很难定义什么是"人工"制造的"智能"了。因此，对人工智能的研究往往涉及对人的智能本身的研究。其他关于动物或其他人造系统的智能也普遍被认为是人工智能相关的研究课题。

人工智能在计算机领域内得到了愈加广泛的重视，并在机器人、经济政治决策、控制系统、仿真系统中得到应用。尼尔逊教授对人工智能下了这样一个定义："人工智能是关于知识的学科—— 怎样表示知识以及怎样获得知识并使用知识的科学。"而另一个美国麻省理工学院的温斯顿教授认为："人工智能就是研究如何使计算机去做过去只有人才能做的智能工作。"这些说法反映了人工智能学科的基本思想和基本内容，即人工智能是研究人类智能活动的规律，构造具有一定智能的人工系统，研究如何让计算机去完成以往需要人的智力才能胜任的工作，也就是研究如何应用计算机的软硬件来模拟人类某些智能行为的基本理论、方法和技术。

人工智能是计算机学科的一个分支，20世纪70年代以来被称为世界三大尖端技术之一（空间技术、能源技术、人工智能），也被认为是21世纪三大尖端技术（基因工程、纳米科学、人工智能）之一。这是因为近30年来它获得了迅速的发展，在很多学科领域都获得了广泛应用，并取得了丰硕的成果，人工智能已逐步成为一个独立的分支，无论在理论和实践上都已自成系统。

人工智能是研究使计算机来模拟人的某些思维过程和智能行为（如学习、推理、思考、规划等）的学科，主要包括计算机实现智能的原理、制造类似于人脑智能的计算机，使计算机能实现更高层次的应用。人工智能将涉及计算机科学、心理学、哲学和语言学等学科，可以说几乎是自然科学和社会科学的所有学科，其范围已远远超出了计算机科学的范畴，人工智能与思维科学的关系是实践和理论的关系，人工智能是处于思维科学的技术应用层次，是它的一个应用分支。从思维观点看，人工智能不仅限于逻辑思维，还要考虑形象思维、灵感思维，只有这样才能促进人工智能的突破性发展。数学常被认为是多种学科的基础科学，数学也进入语言、思维领域，人工智能学科也必须借用数学工具，数学不仅在标准逻辑、模糊数学等范围发挥作用，数学进入人工智能学科，它们也将互相促进而更快地发展。

（五）区块链

从狭义来讲，区块链是一种按照时间顺序将数据区块以顺序相连的方式组合成的一种链式数据结构，并以密码学方式保证的不可篡改和不可伪造的分布式账本。从广义来讲，区块链技术是利用块链式数据结构来验证与存储数据、利用分布式节点共识算法来生成和更新数据、利用密码学的方式保证数据传输和访问的安全、利用由自动化脚本代码组成的智能合约来编程和操作数据的一种全新的分布式基础架构与计算方式。

一般来说，区块链系统由数据层、网络层、共识层、激励层、合约层和应用层组成。其中，数据层封装了底层数据区块以及相关的数据加密和时间戳等基础数据和基本算法；网络层则包括分布式组网机制、数据传播机制和数据验证机制等；共识层主要封装网络节点的各类共识算法；激励层将经济因素集成到区块链技术体系中来，主要包括经济激励的发行机制和分配机制等；合约层主要封装各类脚本、算法和智能合约，是区块链可编程特性的基础；应用层则封装了区块链的各种应用场景和案例。该模型中，基于时间戳的链式区块结构、分布式节点的共识机制、基于共识算力的经济激励和灵活可编程的智能合约是区块链技术最具代表性的创新点。

（六）移动互联网

移动互联网就是将移动通信和互联网二者结合起来，成为一体。它是指将互联网的技术、平台、商业模式和应用与移动通信技术结合并实践的活动的总称。5G 时代的开启以及移动终端设备的凸显必将为移动互联网的发展注入巨大的能量，移动互联网产业必将带来前所未有的飞跃。

从层次上看，移动互联网可分为终端 / 设备层、接入 / 网络层和应用 / 业务层，其最显著的特征是多样性。应用或业务的种类是多种多样的，对应的通信模式和服务质量要求也各不相同。接入层支持多种无线接入模式，但在网络层以 IP 协议为主。终端也是种类繁多，注重个性化和智能化，一个终端上通常会同时运行多种应用。

世界无线研究论坛（WWRF）认为，移动互联网是自适应的、个性化的、能够感知周围环境的服务，它给出了移动互联网参考模型。各种应用通过开放的应用程序接口（API）获得用户交互支持或移动中间件支持，移动中间件层由多个通用服务元素构成，包括建模服务、存在服务、移动数据管理、配置管理、服务发现、事件通知和环境监测等。互联网协议簇主要有 IP 服务协议、传输协议、机制协议、联网协议、控制与管理协议等，同时还负责网络层到链路层的适配功能。操作系统完成上层协议与下层硬件资源之间的交互。硬件 / 固件则指组成终端和设备的器件单元。

二、新的教学模式

（一）MOOC（Massive Open Online Course，大规模开放在线课程）

MOOC 在国内又称慕课。通俗地说："MOOC 是大规模的网络开放课程，是为了增强知识传播而由具有分享和协作精神的个人或组织发布的、散布于互联网上的开放课程。"自 2012 年以来，大规模在线开放课程在世界高校开始流行，对全球高等教育产生了重要影响。美国高校先后推出 Coursera、edX 和 Udicity 三大 MOOC 平台，吸引世界众多知名大学纷纷加盟，向全球学习者开放优质在线教育资源与服务。Coursera 最新统计显示，世界 109 所知名大学在该平台开放 679 门课程，769.6 万学生在该平台注册学习。我国多所"985"知名高校也已加盟以上 MOOC 平台，与哈佛、斯坦福、耶鲁、麻省理工等世界一流大学共建全球在线课程网络。

MOOC 的内涵可以从课程形态、教育模式和知识创新三个维度诠释。从课程形态的角度，MOOC 是一种将分布于全球各地的教学者和成千上万的学习者通过教与学联系起来的大规模线上虚拟开放课程。它既提供视频、教材、习题集等传统课程材料，又通过交互性论坛创建学习社区，将数以万计的学习者在共同的学习兴趣和学习目标的驱动下组织起来开展课程学习。从教育模式的角度，MOOC 是一种通过开放教育资源与学习服务而形成的新型教育模式，它通过网络实现教学全过程，允许全世界有学习需求的人通过互联网来学习。MOOC 不但是教育技术的革新，更是一种全新的教育模式和学习方式，带来教育观念、教育体制、教学方式和人才培养过程等方面的深刻变化，将驱动高等教育变革与创新。从知识创新的角度，MOOC 是一种新型的知识创新平台，它引导学习者创造性地重组信息资源和自主探究知识，支持学习者在问题领域中通过协商对话激发灵感和生成新知。MOOC 为人类创造知识、产生智慧搭建新平台，大规模、多样性的学习者、教学者和研究者相互启发、碰撞观点，使其演化为内容丰富的分布式知识库。

MOOC 具有如下几个方面的特征：

（1）规模大

MOOC 规模大的特征体现在大规模参与、大规模交互和海量学习数据三个方面。首先，大规模参与是指课程参与人数的可能性增大，同时参与课程学习的学习者数量可以达到数万人甚至数十万人。而在传统的课程教学中，授课规模受物理空间和教师数量的限制，优质的教育资源难以同时为数万人共享。其次，大规模交互是指课程研讨同时有数千、数万人参与，当学习者提出问题，数百人从问题的不同角度与其交流讨论。最后，学习者大规模参与和交互使得课程产生海量的学习数据，MOOC 平台利用数据挖掘、人工智能和自然语言处理等技术，多维度和深层次分析海量学习行为数据，发现课程学习的特征和规律，动态调整学习引导策略和学习支持服务。

（2）开放性

开放性是互联网与生俱来的特性，MOOC 的开放性扩展了互联网的开放性，具有四个层次的开放特征：一是课程学习的时空自由，MOOC 学习不受时间和空间限制，学习者利用移动学习终端在任何时间和任何地点均可参与课程学习，摆脱了传统物理教室的时空限制；二是面向全球的学习者免费开放，除学习者申请课程证书需缴纳一定费用外，其数据、资源、内容和服务向全球的学习者免费开放，学习者能够无障碍地访问课程资源，自由获取信息和知识；三是课程系统开放的信息流，学习者和教学者利用网络学习工具与MOOC 学习环境的外界保持信息交互，将专业领域中最新的知识自由地整合为课程内容，同时把课程知识应用于实践问题解决；四是课程学习中权威的消失，学习者利用社交媒体与同伴和教学者自由地展开互动与交流，学习者负责媒体语境下的自身知识建构，达到真正的学术自由。

（3）网络化

MOOC 的网络化特征体现在学习环境网络、个体学习网络和课程知识网络三个维度。在学习环境网络维度，MOOC 的学习资源通过互联网空间生成和传播，MOOC 的教与学活动利用各种网络学习支持工具在互联网络空间中实施。在个体学习网络维度，参与MOOC 学习是学习者构建个体内部知识网络和外部生态网络的过程，学习者利用同化和顺应两种认知机制更新大脑中的知识网络，同时利用社交媒体工具构建个体的社交网络和知识生态网络。在课程知识网络维度，MOOC 是一个分布式知识库系统，其内部存在一个以学习者、教学者、社交媒体、学习资源和人工制品等为节点的相互交织的知识网络，知识以片段形式散布于该网络的各个节点中。

（4）个性化

与传统课程学习相比，MOOC 更能充分实现学习者的个性化学习。首先，学习者自选学习内容和自定学习步调。学习者根据学习兴趣和学习需要选修课程和确定课程学习的路径，根据自己的知识基础自定课程学习的步骤。其次，课程学习方案与课程资源的个性化推荐服务。MOOC 平台根据学习者的个人档案和学习行为，使用协同过滤推荐技术向学习者推荐其可能感兴趣的课程，支持学习者创建个性化的课程学习方案，同时从海量学习资源中提取和推荐符合学习者认知需求的学习资源。最后，MOOC 内嵌学习者的个性化学习情景。学习者使用移动学习终端设备，摆脱了传统物理教室和实验室的限制，将课程学习灵活地与学习者所处的特定学习情境融合，支持学习者开展基于情景的个性化学习。

（5）参与性

参与性是 MOOC 与视频公开课、网络精品课程和精品资源共享课的重要区别之一。MOOC 与以上三类课程的相同之处是通过网络共享课程的优质资源，包括课程大纲、作业、讲义、题库、课件和教学录像；不同之处在于学习者和教学者通过在线参与课程教学活动实现课程教学的全部过程。首先，MOOC 拥有特定的教学方法和教学活动，包括课堂讲解、随堂测试、虚拟实验、师生对话、学生研讨、作业互评、分组协作、单元测试、期末考试和证书申请等，学习者除了观看教学视频，需要积极参加以上课程教学活动。其次，课程评价将学习者在教学活动中的参与度作为主要的评价维度。MOOC 学习环境利用互联网的自动跟踪和记录功能，记录并保存学习者在课程学习活动中的学习行为，利用学习行为分析算法挖掘学习大数据背后的信息和规律，将形成性评价结果及时反馈给学习者和教学者，为学习者提供个性化的学习指导，帮助教学者了解课程教学效果，改进教学策略和方法，科学、全面地提高课程教学质量。

（二）SPOC（Small Private Online Course，小规模限制性在线课程）

SPOC 是由加州大学伯克利分校的阿曼德·福克斯教授最早提出和使用的。Small 和 Private 是相对于 MOOC 中的 Massive 和 Open 而言，Small 是指学生规模一般在几十人到几百人，Private 是指对学生设置限制性准入条件，达到要求的申请者才能被纳入 SPOC 课程。

国内外对于 SPOC 的实践已有先例并且取得了很好的效果，如加州圣何塞州大学使用麻省理工学院授权的电路原理课程进行教学。教师先利用 MOOC 的高质量教学内容通过系统自动评分给予学生反馈。学生在课堂上和教师以及助教进行实验和设计，最大限度地节约了上课时间，学生们也对这门课获得了更深入的学习体验，相比于之前，教育成本减少而且教学质量获得提高，学生的成绩较之以前提高了 5%。在中国，清华大学也开始研发并率先打造出了 SPOC 的平台"学智苑"，推出了大学物理课程，配备了全套的教学资源，有 10 所高校为首批试用学校。"学智苑"平台在资源组织方式、数据分析模型、教学管理模块、内容呈现形式、学习过程支持等几个方面独具特色，赢得了高度评价，由此开启了 SPOC 模式在中国的应用。

SPOC 是 MOOC 在实践中发展的革新产物，它的基本内涵和基本特征与 MOOC 相比，既有普遍性又有其自身的特殊性，其普遍性在于两者都是在线教育发展的一个阶段，其特殊性则体现在它与 MOOC 的差异性上。与 MOOC 相比，SPOC 具有以下几项特征。

（1）教育对象具有局限性

MOOC 是一种授课对象没有人数限制且多为免费的在线教育形式，它的学习者来自世界各地，遍布全球，规模巨大。SPOC 则刚好与之相反，SPOC 以小规模著称，一般情况下它只对在校注册学生开放，以学校为开办单位，学生参加所选的 SPOC 课程需要付费。受学生心理因素的影响，对于收取费用的 SPOC 课程，学生的学习热情和学习主动性更高，课程的学习效率也随之提高。而且由于教育对象的局限性特点，学校可以对参与 SPOC 课程的人数加以控制和监督，能有效提高整个 SPOC 选修班的教学质量，改善 MOOC 教学过程中的高"辍学率"现象。

同时，有人提出从 MOOC 到 SPOC 的转变，使得教育从"公众普惠"转变到了"私人订制"。因此，SPOC 模式只能惠及小部分在校生，在某种程度上这不利于体现教育普惠性原则。但也正因为 SPOC 是收取费用的，对于学校而言能补充一部分开发、维护和改善该课程的成本，减轻了学校尝试新教学理念和新教学方式的经济压力，有利于维持课程的可持续性发展。在校注册学生参与课程学习，能就自身的学习效果对 SPOC 课程做出及时的反馈，为教学进度、教学内容、教学方式的改善与修正提供信息依据。

（2）授课内容具有针对性

MOOC 可谓是一种低门槛甚至是无门槛的学习，MOOC 课程及其教学理念的出现对于解决教学资源不平衡现象，提高教育公平性和服务性具有重要价值。正因为其要体现教育的公平性，使任何人都能享受最优的教育资源，它的设计原则是实现面对所有普通大众的无差别教学。因此，其教学内容、教学方法基本都是以统一标准被挑选、被使用，毫无差异性。而 SPOC 的出现能够打破这种无差别的教学状态，更加重视学生的个性化发展，从这个角度而言，它完善了 MOOC 教学。SPOC 一般是以专业或学校班级为单位进行课程学习，在这个集体中，学生的学科背景、理解能力、性格特征等差别不是那么明显，在此基础上提出适合该集体的教学素材与课程进度。作为一个专业或一个班级的学生，学生之间具有感情基础，教师对于学生的基本情况也有大致了解，如此一来，教师便可针对不同个性的学生、不同特点的班级，以他们的前期积累作为参考，分层分类安排教学内容，选择教学方法，从而有效地介入到学生学习过程中，提高学习内容的针对性，提升教学有效性。

未结合在线教育的传统授课形式培养学生时与工业流水线上的生产模式类似，采取的是批量化的生产模式。这种模式导致的后果便是：学习能力较强的优秀学生觉得学习内容简单而不会深入思考和研究教学内容，学习基础较差的学生则因跟不上学习进度而放弃学习。但在 SPOC 环境下，所有的学生进行的都是广泛学习。所谓广泛在学习，即学生能够根据自身的学习条件和学习特点自主选择学习内容，掌控和调整学习时间。因此，学生在 SPOC 模式的学习中，学习知识点是以观看视频自主学习作为主要学习方式的。观看视频时，理解能力较强、看一遍便能知晓内容的逻辑和中心意思的学生，可以快进或跳过某些他已经知道的内容。同样，理解能力不够好的学生则可以反复观看视频内容，或者中途"暂停"内容以进行巩固和强化，并在此过程中做好笔记。SPOC 模式的优势还体现在：如果有学生因个人原因请假，也不必太过于担心落下课业而跟不上教师的教学节奏。他可以在自己的空余时间将落下的课业补回来，及时跟上老师的教学进度。SPOC 的微课程以短时间的微视频形式呈现，在学习时间上，学生可以按主题学习，也可以利用零碎时间观看。

（3）参与过程具有互动性

MOOC 学习的实践证明，完全通过互联网的学习形式在促进学生的全面发展方面还是有所欠缺的。MOOC 学习的人数众多，性格各异，学习基础、学习热情千差万别，没有真实的师生互动、生生互动，仅靠课程后面自带的互动提问平台进行讨论交流是无法满足每一个学生的学习需要的。MOOC 的学习方式完全依赖学生的学习主动性，这对于习惯传统教学环境的部分学生而言无疑会使其在短期内产生一定的适应困难，尽管 MOOC 学习的内容可能是由最优秀的老师录制的视频，但视频学习仍然无法令其产生学习的真实感，这也会带来一种奇怪的现象：学生用着最好的教学资源却无法实现最佳的学习效果。其中的缘由是复杂的，SPOC 教学模式正是在尝试解决这一问题的过程中产生的。SPOC 模式可以充分利用 MOOC 平台的优质资源。MOOC 的优质资源被用于 SPOC 的课前学习阶段，学生将其作为自主学习的材料，学生在学习这些材料之后还需要在线完成一定的作业和测验，教师可以通过检查和监测学生完成作业的情况了解学生的学习情况和知识背景，确保学生有自主学习这个阶段，学生掌握了一定的背景知识之后有利于提高其参与课堂互动的教学效果。

另外，SPOC 在提升课堂互动方面比 MOOC 更具优势。采取 SPOC 模式的教学中，学习者不再是孤军奋战的个体，而是与其他学生相互联系的团体。学习的过程不是独自消化学习内容的过程，而是集体智慧的迸发和共同跃进。线上和线下相结合的方式使得学生的学习效果更加明显，师生的互动更为有效，师生和生生之间在线上和线下均有良好的互动。在线上学习阶段，学习者以教师准备或推荐的学习资料为出发点，借助各种社交网站或视频网站进行学习。在这一过程中，学生可以通过网络工具积极讨论学习中遇到的困难，共享各自搜集到的学习资料，其在交流过程中会迸发出更多的学习灵感，探讨过程中也会产生一些新的内容，可作为深入学习的资源；学习者借助新的资源进行再一次的交互，重新建立自己的认知结构，能够拓展学习者的学习范围，也能有效地解决其在学习过程中的问题。教师在学生的自主学习过程中扮演的是指导者和组织者的角色，需要时常上线观测学生自主学习的情况，对于学生的学习疑惑提供适时的指导。在线下的学习阶段，教师针对学生线上学习普遍存在的问题组织学生进行讨论交流，同时也可以就某些重点问题举办讲座、情景讨论或案例分析等，以加深学生对所学知识的理解。

第四节　国内外计算机基础教育改革主要采用的理论

国外的计算机基础教育非常注重教学的理论基础，大多把教学与研究结合起来，如建构主义学习理论、分层教学理论、范例教学理论与合作学习理论大量运用到计算机教学中来。这里主要介绍建构主义学习理论和分层教学理论。

一、建构主义学习理论

第一，建构主义学习理论认为，学习在本质上是学习者主动建构心理表征的过程，这种心理表征既包括结构性的知识，也包括非结构性的知识和经验。心理表征的建构包括两层含义：其一，新信息的学习和理解是通过运用已有的知识和经验对新信息进行重新建构而达成的；其二，已有的知识和经验从记忆中提取的过程，同时就是一个重新建构的过程。建构新信息的过程即是对旧信息的重新建构过程。由建构过程而形成的心理表征是结构性知识与非结构性的知识和经验的统一。所谓结构性知识，是指规范的、拥有内在的逻辑系统的、从多种情境中抽象出的基本概念和原理。所谓非结构性的知识和经验，是指在具体情境中所形成、与具体情境直接关联的不规范的、非正式的知识和经验。非结构性的知识和经验是心理表征的有机构成，建构主义将之视为心理建构的目标和基础。

第二，教师和学生分别以自己的方式建构对世界（社会、自然、文化）的理解，对世界的理解因而是多元的。建构主义重视师生之间、生生之间相互合作、交往的意义与价值，强调合作学习（cooperative learning），把增进学生间的合作交往视为教学的基本任务。教学过程即是教师与学生对世界的意义进行合作性建构的过程，而不是客观知识的传递过程。

第三，建构主义学习环境是开放的、充满着意义解释和建构的环境，由情境、协作、会话和意义建构四个要素构成。建构主义的教学策略以学习者为中心，其目的是最大限度地促进学习者与情境的交互作用，有主动建构的意义。教师在这个过程中起引导者、组织者、帮助者、促进者的作用。在建构主义教学观的理论背景下产生了一系列新的教学模式，其中最典型的有三个，即情境教学、随机访问教学、支架式教学。

以上理论的提出，让我们认识到教育理论的实质是教学实践的依据，在高等教育计算机基础教学中，如何实施有效的控制，同时又如何保证学生的自主学习这一原则，运用建构主义学习理论的中心思想作为指导，挑战传统的教育理论、教学观念，尝试新的教育模式和教学方法，在教学实践中逐步形成适应于建构主义学习理论和学习环境的新型教育模式和新型教学方法，是教师们进行教学改革的当务之急。

目前，计算机基础课程在各高等院校中开设面广，该课程与其他课程不一样，实践性非常强，讲授的内容以计算机应用知识为主。要求教师在教学过程中以学生为中心，创设具有吸引力的学习场景，以兴趣调动学生，使学生能主动参与到教学活动中，在项目合作学习的实践中充分挖掘学生的创造力，培养学生的团队协作精神。而建构主义学习理论在学习环境的构建中，包含情境、协作、会话和意义建构四大要素。其中，情境创设这一点很重要，各院校对于该课程的教学方法一般采用计算机辅助教学系统（简称 CAI），计算机辅助教学的理论基础也曾经历了从行为主义到认知主义再到建构主义的三次演变：从20 世纪 60 年代初到 70 年代末，计算机辅助教学的初级阶段，以行为主义学习理论为理论基础；接着从 20 世纪 70 年代初至 80 年代末，以认知主义学习理论作为理论基础，进步为计算机辅助教学的发展阶段；最后是以建构主义作为理论基础，从 20 世纪 90 年代初至今，成为计算机辅助教学的成熟阶段。CAI 的教学优势在于能够提供独特的学习环境，运用声音、文字、图像、动画等信息调动学生的感觉器官获得知识，加深对知识的理解和记忆，这也正符合计算机基础课程的教学特征。

在教学过程中要充分利用现代教育技术和网络资源环境，随着教育信息化的迅速发展，在各地教育部门和学校的努力下，越来越多的学校、教室实现了校校通、班班通，一部分实验学校开始了一对一数字化课堂（人人通）的教改实验，世界上新的教育理念和信息化教育模式，诸如可汗学院、翻转课堂、以学生为中心的教学模式等逐步深入人心，一大批基础教育学校开始了微课程教学法实验，各地"电子书包"项目逐步深入到数字化教材课堂教学方式变革、教师教育技术能力培训等领域，移动学习方兴未艾。融合移动互联、翻转课堂教学策略、微课程（微课）、学习分析系统等课程管理系统将受到学校和一线教师的欢迎；越来越多的教育应用软件（特别是移动 APP、智能教育软件等）将会逐步被学校和教师在教学中采用，特别值得关注的是基于微信的课程管理系统、学校管理系统、丰富多彩的教育类应用将会大量涌现，从而深刻地影响教育教学。

二、分层教学理论

分层教学理论源于美国著名的教育家、心理学家布卢姆在 20 世纪 60 年代提出的"掌握学习"理论；源于苏联教育家维果茨基提出的"最近发展区"理论；源于苏联当代很有影响的教育家、教学论专家巴班斯基提出的"教学形式最优化"理论。

"掌握学习"理论认为，在教学过程中，如果能采用某种适当的组织形式并给予不同学生足够的适合他们个体差异的学习时间和情感关怀，我们将可以提高他们的学习效率。每个学生都有两种发展水平：一是现有水平，二是潜在水平，这两种水平之间的区域被称为"最近发展区"或"最佳教学区"。教学则是从这两种水平的个体差异出发，将"最近发展区"转变为现有的发展水平，只有努力创造更高水平的最近发展区，才能促进学生的发展。

我国大学生因为入学前受计算机教育程度的差异，导致入学后起点参差不齐，实行分层教学是很有必要的。分层教学正是根据学生的学习可能性将全班学生划分为若干个层次，针对不同层次的学生所具有的共同特点和基础开展教学活动，使教学的目标、教学的内容、教学的速度以及教学的方法能更符合学生的知识水平和接受能力，从而确保教学与各层次学生的最近发展区相适应，并不断地把最近发展区变为现有发展水平，使学生的认识水平通过教学活动不断向前推进。

教育家巴班斯基在"教学形式最优化"理论中强调指出：其一，讲授容易理解的新教材及书面练习和进行实验时，采用"个别教学"方法最好，这时候教师需个别指导，介绍其独立学习的合理方法。这一点正迎合了大学计算机基础课程教学中要求学生熟练掌握的那一部分知识，如办公软件的灵活运用、输入法以及计算机软硬件的认识与装配。其二，在采用不同深度的新教材和练习演算时，可以进行不同方案的临时分组，基础稍差些的学生做容易的题目，教师提供内容纲要，辅导或辅助其完成。基础好的学生做稍难的题目，思考学习的多种方案。为服务专业学习，不同专业还需开设计算机类的扩展课程，如程序设计语言、工程制图或艺术设计类软件等，这些课程难易程度不一，如采取分组分层次的教学模式，既顾及了学生之间的个体差异，又避免了不分对象的"一刀切"模式，还能提升因材施教的可操作性，更大程度地提高教学效率，这也是目前班级授课制条件下实施的个别化的有效模式。其三，当讲授较为复杂、分量较多的新教材时，可以采用集体讲授或集体谈话的形式。"分层递进教学"实质上就是把这三者有机地结合起来，在集体教学的基础上进行分组教学及个别教学。

分层教学实质是一种教学模式，更是一种教学思想，它有别于"精英式教育"或"淘汰式教育"。它是在班级授课的前提下，教师根据学生的知识基础、能力水平、个性特长、接受能力及认知水平等方面的差异，在教学活动中把班级里不同程度的学生分成不同的层次，并提出不同的教学目标、教学要求，设计不同的教学内容和教学方法，使所有学生在学习过程中都能发挥其特长，主动获取知识，感受到成功的愉悦，并以原有的知识为基础，从而得到更好的发展与提高，最终取得最佳的教学效果，使学生的个性和潜能得到更好的发挥。

在计算机课程教学中实施分层教学，不仅可以提高学生的学习兴趣，还能避免知识水平两极分化的矛盾，充分发挥学生的积极性和主动性，适应学生对不同内容的需求，有效解决班级授课制中原有的缺陷和矛盾。

第五节　国内外计算机基础教育人才培养模型

通过对高等教育和高等职业教育的研究，借鉴美国著名组织行为学者大卫·麦克利兰的能力模型（Competency Model）概念，我们认为，该能力模型同样可用于计算机基础教育领域。基于人才培养的能力模型包括能力概念、要素、结构以及培养途径等方面的内容。首先，能力是人们完成某事的状况以及某人做某事的技术水平，可分为通用能力与专业能力两类，前者指大多数活动共同需要的能力，后者指完成专业活动所需的能力。随着现代经济社会的发展，能力已经形成了多元结构关系，并且与知识、素质密不可分，实施能力导向的教育必须搞清能力的内涵，即能力要素及要素间的结构关系。

对不同类型的人才培养，应以能力模型中部分能力为核心，而能力培养又大体可分为三种途径：第一种途径是基于学术或研究能力的培养途径，应以学科知识为基础，以专业技能为核心，逐步提升科学思维能力；第二种途径是基于工程技术、管理服务以及高技能的培养途径，应以计算机相关理论知识和基本技能为基础，以专业行动能力为核心，逐步提升科学行动能力；第三种途径是基于专门技能的培养途径，应以基本技能和相关知识为基础，以基本技能的综合运用为核心，逐步提升工作任务能力。

高等教育和高等学校分类发展是《国家中长期教育改革和发展规划纲要（2010—2020）》（以下简称《纲要》）提出的重要任务，计算机基础教育多样化发展是高等教育和高等学校分类发展的必然结果。基于高等教育和高等学校分类发展而产生的计算机基础教育多样化发展将成为这一时期计算机基础教育教学改革的主要特征。分类发展的核心是人才培养的分类，依据不同的人才培养目标，有三种模式的计算机基础教育发展解决方案。

一、以"计算思维"为核心的计算机基础教育模式

计算机基础教育的第一种模式是以"计算思维"（Computational Thinking，CT）为核心的大学计算机基础教育模式。计算思维是运用计算机科学的基础概念去求解问题、设计系统和理解人类行为。"计算思维"的本质是抽象和自动化。

尽管"计算思维"在人类思维的早期就已经萌芽，但计算机的出现强化了"计算思维"的意义和作用。2006年，美国卡内基·梅隆大学计算机科学系主任周以真教授首先提出"计算思维"的概念，认为"计算思维"是运用计算机科学的基础概念进行问题求解、系统设计以及人类行为理解等涵盖计算机科学之广度的一系列思维活动。我国学术界对"计算思维"给予了足够重视，认为"计算思维"是一种本质的、所有人都必须具备的思维方式，是解决其他信息科技难题的基础。教育部高等学校计算机基础课程教学指导委员会在2010年5月的合肥会议、2010年7月的西安会议和2010年9月的太原会议上，均把"计算思维"列为会议主要议题。特别是在《九校联盟（C9）计算机基础教学发展战略联合声明》中，在总结计算机基础教学发展规律的基础上，确定了以"计算思维"为核心的计算机基础课程教学改革，提出了以"计算思维"为核心的大学计算机基础教育模式，设计了以"计算思维"为核心的能力培养目标、计算机基础课程体系和实验体系，为新一轮的大学计算机基础课程改革做了前期准备工作。计算机基础课程教学指导委员会还指出，以"计算思维"为核心的大学计算机基础教育模式适用于研究型大学学生的计算机知识、计算机应用能力和"计算思维"的培养，可以作为研究型大学第一门计算机课程的定位和教学内容设计。以"计算思维"为核心的大学计算机基础教育应主要培养学生掌握计算学科的基础知识以及知识的运用能力，并提升其"计算思维"能力，因此该模式符合能力模型中的第一种培养途径，即以学科知识为基础，以专业技能为核心，逐步提升科学思维能力，其目的是构建学术型人才培养的计算机基础教育教学体系。

二、以"行动能力"为核心的计算机基础教育模式

计算机基础教育的第二种模式是以"行动能力"为核心的计算机基础教育模式。行动能力是解决没有确定性结果，难以直接用固定指标衡量的问题的能力。行动能力也可分为专业层面的行动能力和通用层面的行动能力，面向专业工作的行动能力称为专业行动能力，通用层面的行动能力称为科学行动能力。行动能力包括信息采集、科学思维、分析决策、计划方案、实施评价等行动过程要求的能力。现代信息技术是支持行动能力的基础，因此，

加强行动能力必须与现代信息技术相结合。

20世纪中后期，随着技术发展和工业进步，开始产生一种新的能力需求。20世纪70年代，西方一些发达国家出现了一场被称为新浪潮的"批判性思维"（Critical Thinking）运动，认为培养"批判性思维"能力，对于应对复杂多变的世界是必要的。此后，"批判性思维"被普遍确立为高等教育的目标之一。美国前总统奥巴马于2009年提出"我已经要求美国各州州长与教育部门主管，尽快建立评量21世纪能力——如问题解决、批判性思维等能力的标准与评量系统"，不仅将"批判性思维"与解决问题的行动联系起来，而且推动其成为美国公民必须具备的现代能力。美国教育测验服务机构（ETS）又将信息技术与"批判性思维"相结合，提出以"数字素养核心能力"及"批判性思维"为中心的信息与决策、逻辑思考与问题解决全方位解决方案。与此同时，欧洲一些发达国家也关注到这一新的能力需求。1988年，德国不来梅大学技术与教育研究所（ITB）发表了题为《技术和工作的设计：以人为中心的计算机集成制造》的研究报告，提出"教育的培养目标是培养人参与设计工作和技术的能力，即设计与建构能力"。"设计与建构能力"的理论核心是"在教育、工作和技术三者之间没有谁决定谁的简单关系，在技术的可能性和社会需求之间存在着人为的和个性化的设计与建构空间"。英国学者托马斯·里德将这一能力称为"行动能力"，在他所著的《论人的行动能力》一书中提出"行动能力"在人的能力体系中扮演着重要的角色，往往恰当的行动比正确的思考或聪明的推理更有价值。因此，"行动能力"与人的智力能力一样，值得成为人的普适性能力和哲学探究的主题。

进入21世纪以来，我国高等教育和高等职业教育教学改革都十分关注"行动能力"的培养，探索以"行动能力"为导向的人才培养模式。如前所述，"行动能力"可以成为普适性能力，且必须与IT结合才能实施。因此，我们认为，"行动能力"应成为计算机基础教育的又一培养目标，主要面向工程技术、管理服务等专业领域的应用型本科人才和有条件的高等职业教育的高端技能型人才。以"行动能力"为核心的计算机基础教育模式符合能力模型中的第二种培养途径，在掌握计算机基础知识和基本技能的基础上，以解决相关问题为核心，逐步提升科学行动能力，为培养一类新的"思维科学、善于行动"的高级人才构建计算机基础教育模式。

三、以"综合应用技能"为核心的计算机基础教育模式

计算机基础教育的第三种模式是以"综合应用技能"为核心的计算机基础教育模式。在能力模型中，技能分为动作技能和智力技能，由熟练的肢体动作和体力就可以完成的技能称为动作技能；而需要知识的支持，由大脑加工决定的技能称为智力技能。计算机技能一般需要得到计算机原理、方法等方面的理论和实践知识的支持。因此，属于智力技能范畴。而对于非计算机专业的计算机应用，不仅需要各相关专业方面的知识和能力，而且仅就计算机应用而言，也往往是各种计算机基本技能的综合运用。因此，对于非计算机专业

的计算机教育，至少应以培养计算机"综合应用技能"为基本要求。以"综合应用技能"为核心的计算机基础教育模式符合能力模型中的第三种培养途径，即以计算机基本技能和相关知识为基础，以计算机基本技能的综合运用为核心，逐步提升他们在从事各自专业工作中综合运用计算机技术的能力。

以上三种模式可供不同类型学校依据教育性质和人才培养目标进行选择，每种模式分别由一组课程组成，称为计算机基础课程体系，不同专业可从计算机基础课程体系中进行选择，但"计算机基础"课程应为计算机基础教育必修的第一门课程。

第二章　高校计算机专业人才培养状况与发展趋势

随着计算机普及与发展，计算机技术已经成为各类人才必须具备的一项基本能力，计算机基础教育在高职课程体系中的地位和作用日渐提高，其地位不亚于英语、数学等基础课程。为了适应社会的发展需要，必须深入推进高职计算机基础教育改革，探索出一条适合高职计算机基础教育发展需要的模式，提高高职计算机基础教育的成效，为学生将来的就业和发展打下良好的基础。

第一节　高校学生学情分析

学情分析是人才培养的重要依据，是开展因材施教的重要基础。高校目前面对的生源类型多，直接导致了生源学情复杂，更加大了人才培养的难度。教与学是相互制约、相互影响和相互依存的。了解真实的学情，为教师的教学提供依据，使教学方法和教学内容更精准、更有效。大学生学情分析无疑是掌握学生现状，提高课堂教学水平，实现高等教育内涵发展的基本前提。

一、国内外大学生学情调查情况

当代的大学生，既是学校的管理及教育的对象，也是教育市场的消费者，还是独立自主的学习者。教育教学的水平既取决于学校的人才培养目标、教育教学条件、教师能力、教学设计及教学方法，还取决于学生的学习态度、学习投入程度、师生互动、教与学的共同行为组成的教学过程。

国内学者对学情分析的研究范围比较广，第一类主要集中在学情内容调查和分析；第二类主要集中在通过学情分析，促进教学改革和提高教学质量；第三类主要集中在通过建立学情分析模型进行对策研究。国内学者对学情研究特别是对本科院校已经具体化，为研究提供了重要理论依据和研究思路。但是，到目前为止，高校对学情的研究大部分还局限在对已有理论的介绍和评价上，缺少结合高校学生特点进行的学情研究分析。本章对高校学生学情进行了调查，并做了具体的实证研究，为深化课程改革和教学优化提供依据。

目前，英、美等高等教育发达国家均开展了针对大学生学习质量的大范围调查，国际上比较知名的关于大学生学习情况的调查主要有美国"全国大学生学习性投入调查（NSSE）"、英国"全国大学生调查（NSS）"、澳大利亚"大学生课程体验调查（CEQ）"、日本"全国大学生调查（CRUMP）"等。这些调查在促进和提高其高等教育质量方面发挥了应有的作用。

二、高校学生学习情况

高等职业教育的目标是为生产、服务等一线工作岗位培养层次高、技能熟练的操作型和实用型人才，培养具有良好职业道德的高素质人才。随着国家产业结构的调整与转型升级，高等职业教育的地位在整个高等教育体系中显得越发重要。然而随着高校的不断扩招，生源质量受到一定的质疑，社会对毕业生质量的评价褒贬不一，高校教育中存在很多不尽如人意的现象。学生在学习过程中所呈现的状态和风貌，如学习动机、学习态度、学习方法等成为影响高职教育质量的关键因素。

（1）学习动力不足

在高考之前考上大学是学生最大的学习动力，而在进入高校以后，很大一部分学生会觉得自己没有考上本科是因为学习能力不行，也就失去了继续升学的想法，而没有了升学压力和学习目标，自然也就没有了学习动力。另外，大学学习、生活的理想与现实的差距、社会竞争和就业的压力对所学专业和前途的迷茫，也削弱了学生的学习动力。

（2）学习主动性不够

中学阶段填鸭式的教学方式让学生养成了被动学习的习惯，大学教学的内容逐步趋向专业化，知识有一定的深度和广度，这对于刚刚步入高校的学生来说，其学习环境、学习内容、学习方式、教学方式都发生了巨大变化，需要学生有较强的自律性和自学能力，这就要求学生制订详细、系统的学习计划。有一部分学生即使制订了计划，也没能够按照计划实施下去。尽管学生主观上有学习的需求，但在学习内容、学习方式方面过多地依赖老师，把学习局限于课堂上，整个学习过程离不开老师的监督。

（3）缺乏良好的学习习惯

高校宽松的学习环境，让学生拥有了很多自由支配的时间。老师不再布置如山如海的作业，学生用于学习的时间明显减少。课前没有预习、课中不做笔记、课后也不复习，不会主动对学习的专业和理论知识进行深入思考和探索，不能形成良好的学习习惯。学习目标仅仅是通过考试，取得毕业证书，业余时间都用来上网、娱乐、参加各种社团活动，不利于良好学习氛围的营造，氛围又反过来影响学习，容易导致恶性循环。

（4）教学方法落后

影响教学效率的原因除了教师的教学观念较为落后外，教师的教学水平也是限制教学方法改革的一大因素。长期以来，传统的教师评价体系使教师的压力也在不断提高，即使有一部分教师想要改变这种现状，但也是心有余而力不足。除此之外，还有教师管理学生的力度不够，教学方式上存在问题，导致学生的学习动力减小，学习的积极性不高。因此，教师无法结合学生的身心发展特征和学习现状来研究教学方案，以对教学方法进行改革与实践。因此，教师在教学过程中依旧采用已有的教学方法，缺乏对教学模式的创新。

（6）重理论、轻实践，学生动手能力差

高校侧重培养应用型人才，注重培养学生实践能力、动手能力，然而对于一些高等职业院校来说，由于场所、经费、师资等方面的限制，有的专业没有机会进行实践操作，导致学生动手能力差，学生毕业后不适应工作岗位，无法满足用人单位要求。

第二节　高校新生计算机基础情况的调查与分析

高校新生计算机基础知识和基本技能情况差别较大，如何对他们进行计算机基础知识的教育和教学是摆在学院教师面前的一个问题。为了更好地了解这些情况，对他们的计算机基础知识和基本技能进行了调查分析。

一、研究对象和方法

（1）调查对象

调查对象为某职业学院 2016 年入学新生，共 23 个专业，121 个班级，每班以班级人数的一半为调查对象，被调查人是随机抽取的，采取学生问卷调查和学生座谈的方式。

（2）研究方法

调查采用自编问卷、学生座谈的方式进行，其中共发放调查问卷 2713 份，回收 2587 份，回收率为 95.4%。用 Excel 进行统计并分析新生计算机基础知识和基本技能的情况。

（3）调查问卷的设计思路

针对新生我们主要从接触计算机的情况、对 Office 办公自动化相关知识的了解、对计算机网络基础知识的了解和掌握情况 3 个方面，共 22 个问题展开调研。问卷以单选为主，有部分多选。座谈主要是针对学生的家庭情况、学习中遇到的问题等进行了解。

二、结果分析

（1）基本情况分析

性别情况：被调查者中男生占 53%，女生占 47%，基本符合一般职业技术学院性别的比例。

家庭情况：是农村家庭占 44%，乡镇家庭占 36%，中小城市家庭占 15%，大城市家庭占 5%。也就是说有近 2/3 的学生生活在农村，在城市生活的学生只占了 20%，其中只有 5% 的学生生活在大城市。父母的农业收入或者工资是学生的基本经济来源，他们的收入情况在当地属于中等水平。

学生生活、学习和娱乐费用支出情况：本项调查只是新生入学以来两个月的大致费用，入学之初学生的费用支出一般较多。其中两个月平均费用在 300—500 元的学生占 8%，500—1000 元的学生占 73%，1000—1500 元的学生占 16%，1500 元以上的学生占 3%。

专业的选择情况：有 13% 的学生是在深思熟虑以后选择的，56% 的学生是由父母亲友选择的，有 22% 的学生是看到别的学生选择该专业也跟风而上，有 9% 的学生是通过专业调剂到现在专业的。这也说明在专业选择上只有一成的学生是通过自己的调查了解，和父母亲友沟通，经过深思熟虑以后才选择的，有一半的学生在报考时并不了解专业，而是听从家人的选择，没有多少主动性。有两成的学生在专业的选择上是人云亦云，追随他人，具有一定的盲从性。也就是说现在新生有近 80% 的学生在进入大学之前对进入大学将要学习的专业并不了解，这也给他们进入大学以后厌学、转专业埋下了伏笔。

入学分数分布情况：300 分以下学生占 27%，300—400 分的学生占 51%，400—450 分的学生有 19%，450 分以上的学生只有 3%。

（2）专业情况分析

计算机使用情况：选择家庭有计算机的占到 30.6%，选择家庭没有计算机的占到 69.4%，其中有计算机的家庭生活在城市的有 86.2%，生活在乡镇和农村的有 13.8%，并且这个 13.8% 中又以乡镇的为主。在学生中，只有不到 1% 从来没有接触过计算机，这些学生主要来自偏远农村；偶尔使用计算机的学生占 75%，他们主要是在中学上课时使用，或者是课余时间在朋友家、自己家或者网吧使用；有 24% 的学生经常使用计算机。由此可见，计算机已基本在学校普及，绝大多数学生都接触过计算机。

对计算机软、硬件熟悉程度情况：有 15% 的学生不懂得计算机软硬件系统，78% 的学生了解一些基础知识，只有 7% 的学生了解较多。其中接触过 Windows XP 或 Windows 7 的占 99%，接触过国产操作系统红旗 Linux 的学生只有 1%。这说明现在学生接触到的操作系统绝大部分都是国外开发研制的系统，对于我们国产的系统了解有限。对于以上系统能够熟练使用的仅有 4.5%，能够操作使用的学生有 86.3%，不会使用或者不了解的有 9.2%。重装过系统的学生有 6%，有 95% 的学生不会重装系统，还有 13% 的学生从来没有听说过重装系统这种说法。有 5% 的学生自己有过组装机器的经历，95% 的学生则对组装机器了解甚少。

对办公自动化软件熟悉情况：从对 Microsoft Office 和国产 Office（Office 办公软件）的使用或者听说过的情况来看，使用或者听说过 Microsoft Office 和金山 Office 的学生有 98.3% 和 83%，其中进行过系统学习、非常精通的分别为 3% 和 0.5%，有一定了解、会基本操作的分别为 28.5% 和 25.6%，偶尔使用、不太了解的分别为 36.4% 和 32.2%，对二者完全不了解的分别有 32.1% 和 41.7%。以上数据显示，现在绝大多数学生都使用或者听说过办公自动化软件，但是能够操作的总比例不到 1/3。而且使用和了解 Microsoft Office 的程度比金山 Office 要多，显示出国产办公自动化软件在大一新生心中总的知名度不是特别高。

由于在学校教学中教授的是 Microsoft Office 办公自动化课程，因此在办公自动化软件使用方面的调查问卷主要是针对 Microsoft Word 文字处理软件、Microsoft Excel 表格处理软件、Microsoft PowerPoint 演示软件来设计的（以下分别简称 Word、Excel、PPT）。对 Word、Excel、PPT 进行过系统学习，能达到精通程度的分别有 5.3%、3.4% 和 1.2%；有所了解、会基本操作的比例分别为 38.6%、34.9% 和 25.6%；学生中偶尔使用，但不太了解的比例分别为 45.3%、41.2% 和 36.1%；在学生中从来没有使用过的比例分别为 10.8%、20.5% 和 37.1%。也就是说，在进入大学以前这些学生对于 Word、Excel、PPT 知识的掌握情况一般，有四成左右的学生只是偶尔使用，但并不是太了解，甚至有很多学生从来就没有使用过这三个软件。

学生上网情况：学生在回答上网地点时的情况，自己家中、网吧、宿舍和选择其他的比例分别为 25.3%、46.1%、32.8% 和 4.2%。这说明大学新生有一半以上的人上网选择了熟悉的地方，比如自己家或者宿舍，其中又以宿舍为主，这和学生家庭经济水平情况以及学校允许学生使用计算机、提供上网服务情况有关。但并不是所有的学生在入学之初都带来或者买了计算机，还有近一半的学生在入学之初把上网地点选择在了网吧。当然随着后期新生计算机的增多，选择在网吧上网的比例大幅度下降。

在上网频率的选择上，有 13.5% 的学生是几乎天天上网；有 45.8% 的学生是经常上网，一般是每周一次；在以上学生中有 36.4% 的学生有过包宿或者经常包宿行为。在学生中几周上网一次的比例占到 43.3%，从来没有上过网的学生占 2.4%。随着学院专业课的进行和时间的推进，学生购买的计算机数量增加，所有的学生都将实现上网，天天上网学生的比例将达到 75%—85%，几周上一次网的比例不到 15%。以上数据表明，在信息化的今天，新时代的大学生不再孤陋寡闻，他们可以通过互联网来了解各种资讯。

在调查这些学生上网目的时，收到的反馈信息显示：学习知识、交友聊天、消遣娱乐、玩网络游戏的比例分别为 45.6%、83.6%、72.4% 和 38.7%。从整体上看，这些 2000 年左右初出生的孩子在利用网络方面还不成熟，尽管学院几乎所有的课程都和计算机、网络有关，但是他们在利用计算机和互联网方面不充分，即使利用互联网来学习、查找资料，也只是在解决课堂上、自习时的疑难，真正深入学习和探讨的学生是极少数；他们在网络上的时间大部分用来交友聊天，例如到校友录、网易同学录、人人网（原校内网）等交流，或者通过即时软件 QQ 或者 MSN 等进行在线交流；还有一些学生在网上看新闻、娱乐信息，或者听歌、看电影等；那些几乎天天上网数小时的学生中大概有 1/3 经常玩网络游戏，甚至沉迷于网络游戏中。

学生使用搜索引擎情况：大学新生在利用搜索引擎方面，调查结果显示经常使用百度的占 85.6%，使用搜搜、搜狗的占 15% 和 21%，使用其他搜索引擎的占 24.2%，从未使用过搜索引擎的占 16.7%。数据显示这些大学生在搜索引擎的使用上偏好于百度，也许和百度搜索占优势有关。

在杀毒软件使用方面大学新生中有 95.7% 的学生都使用过或正在使用杀毒软件，只有不到 5% 的人不使用。在对国内外杀毒软件的使用偏好方面，调查结果显示有 85.9% 的学生在使用或者曾经使用过国产杀毒软件，有 75.6% 的学生在使用或者曾经使用过国外杀毒软件。使用国产杀毒软件的学生中，他们更偏爱 360 和金山毒霸，其次是东方卫士；在使用国外杀毒软件的学生中，他们更多地使用 Bit Defender 和卡巴斯基，趋势科技和诺顿是退而求其次的选择。这也表明，在这些大学新生中，他们使用国产杀毒软件的比例相对较高，360 和金山毒霸分别位于第一位和第二位；在国外产的杀毒软件中，Bit Defender 和卡巴斯基则分别是冠军和亚军。

在对 BBS 和论坛的了解方面：有 65.6% 的学生不了解 BBS 和论坛，经常上 BBS 或者论坛的学生中，他们经常登录的往往是比较熟悉或者知名度高的 BBS 和论坛。

三、结果讨论

（1）性别、专业与基础知识和基本技能的关系

总体上看，教育类和艺术类专业女生多于男生，理科类专业男生则占到本专业的 86.1%。男生在选报专业时更倾向于逻辑性比较强、动手能力比较强的专业，女生更倾向于文科类的专业。在动手能力方面分别有 10% 和 1% 的学生有过重装系统和组装机器的经历，这表明绝大多数学生的动手能力有待于进一步加强，但他们在对计算机基础知识了解方面并没有存在很大的差异。

（2）家庭有无计算机、是否经常接触计算机与大学新生对计算机基础知识和基本技能的掌握关系

调查显示，家庭有计算机或者经常接触计算机的学生，他们对计算机的软硬件知识、网络知识了解得比一般学生要多。因为高考的升学压力使一些学生把大量的时间和精力投入到高考科目中去，他们对计算机基础知识和基本技能的掌握还是很不够的，这就需要进行分层次教学，给基础差的学生多讲，给基础好的学生精讲。同时，可以试行"计算机等级"证书制度，凡是能顺利通过的学生可以免考或者免修计算机基础的部分课程。在教学过程中，强化理论和实践的结合，既要重视理论知识的学习，也不放松上机实践操作，通过练习提高学生实际水平。

（3）对办公自动化软件的掌握和了解方面存在较大差异

从 2008 年 10 月中旬开始的"微软黑屏"事件使国产操作系统和软件的美誉度和知名度大幅提高，但真正接触过国产红旗 Linux 操作系统的学生仅有 3.1%，了解红旗 Linux 的

人数比例则要占到 92.3%。但在这些大学新生中，对 Microsoft Office 和金山 Office 的了解仍存在着较大差异，微软公司办公自动化软件的普及率和知名度要高出金山公司的产品 15 个百分点。在大学新生的实际使用中，还是以微软公司的产品为主。

在使用 Word、Excel、PPT 的熟悉程度方面，有四成左右的学生只是偶尔使用，对这些知识并不太了解；有 1/3 的学生对前两者会基本的操作，会基本操作 PPT 的学生只占总人数的 1/4；而对于以上三者了解的人数比例则相差较大，不了解后两者人数分别是不了解前者人数的 2 倍和 3 倍。这表明学生在对办公自动化软件的掌握方面有较大差异，应该在教学过程中加强这方面的培养。

办公自动化是工作中常用的软件，学生对这些软件的掌握程度在某种意义上决定了以后工作的顺利与否。因此，教授计算机基础知识课程的老师必须改变轻视基础知识的看法，切实重视这门课程，让学生真正学有所获，学有所成。

（4）大学新生使用网络的目的多是娱乐休闲

从调查的结果来看，真正利用互联网学习的人只是少数，绝大多数学生都用来交友聊天、休闲娱乐、玩网络游戏等。表明学生并没有很好地利用网络进行学习，而是把更多的精力和时间用在了其他方面，这就需要老师积极引导大学新生如何正确地使用网络，摒弃一些不良做法，使他们学到更多的知识。

（5）在对计算机安全的认识方面大学新生也不尽相同

在关系到计算机安全的"微软黑屏"事件中，有 2/3 的学生认为我们应该有属于自己独立知识产权的操作系统，有 45% 的学生表示以后会使用国产 Office 软件。他们认为，这样才不会受制于人，才能更好地维护国家的安全，表现出较高的觉悟。有部分学生认为，使用哪种操作系统和软件无所谓，只要便宜、好用就行。在选用杀毒软件时，更多的学生倾向于使用国产杀毒软件，愿意通过使用中国产品使本国企业壮大，相信通过自己的努力学习能使我们的软件行业更加强大。

第三节　国内外高校计算机基础教育现状

我国高等职业教育近十几年来在国家政府的高度重视下，办学规模迅速扩大，为实现高等教育大众化发挥了积极作用，为现代化建设培养了大批高素质技能型专门人才。随着计算机技术的飞速发展，国家对高技能计算机技术人才的要求不断提高，高职毕业生面临的就业压力越来越大。高校培养什么样的学生，又该如何培养适应社会发展需要的学生是大家普遍关注的话题。

一、国外高职计算机基础课程的实施概况

发达国家和少数发展中国家非常重视对国民开展信息技术教育，尤其是教育信息化水平较高的国家和地区，早已将国民掌握、运用计算机信息技术视为与读写算同等重要的能力。因此，其高职计算机基础课程的实施呈现以下特点。

（一）普通中小学的信息技术教育为高职学校开设同类课程打下良好基础

英国政府历来对信息技术教育十分重视，自 20 世纪 70 年代以来，英国涉及信息技术的大规模投资项目较多，总投资额近 3 亿英镑，项目研究内容广，涉及多个领域，例如中小学生的计算机基础教育、师资培训、计算机硬件配置和软件开发以及新技术的学习和推广等。这些项目的实施推动了英国中小学教育的发展，也推动了计算机硬件、软件的开发和利用。英国教育改革法案出台后新修订的《国家课程》中，也非常重视信息技术教育。

从 20 世纪 90 年代开始，英国政府的信息技术教育正式列入国家课程，并以立法的形式，将全体中小学中的信息技术课程设定为必修课，以培养和提高学生的信息技术能力为目标。为了顺利实施课程计划，英国根据学生的学习思维能力的阶段性，将课程实施过程划分为四个阶段，设置了八个课程评价标准。

据 1997 年初公布的一项研究显示，英国中小学信息技术教育水平在国际上处于领先地位，高于美国、加拿大、法国、意大利、德国、日本等国家，同时它还是世界上唯一在所有的小学都配备了计算机的国家。英国的小学生拥有计算机的比例较高，为 17 : 1，而德国较低，仅为 500 : 1。英国中学生拥有计算机的比例为 9.5 : 1，高于德国、意大利和日本。而且，在所有的国家中只有英国中小学的国家课程设置已经纳入因特网。

韩国政府也非常重视中小学教育信息化的硬件建设和软件资源的开发，每年都有设备更新的专项预算，2000 年的统计数据显示，无论是经济发达的地区，还是偏远落后的地区，从小学、初中到高中的联网率均达到 100%，基本能保证一台电脑让 6—8 位学生使用。截至 2005 年，已经有 7300 多种多媒体教育软件资源陆续被开发出来，几乎涵盖了中小学的所有课程。韩国教育部于 2000 年 8 月制定了中小学计算机信息技术实施方针，该方针适用的主要对象是：接受正规的国民教育，即韩国国民教育阶段 10 年，从小学一年级至高中一年级的中小学在校学生，帮助学生提高应用通信技术的能力和掌握通信技术的知识。由此可见，韩国政府不仅重视学生知识技能的培养，更加重视培养学生利用信息技术的能力。

20 世纪 80 年代，印度开展了学校计算机扫盲与学习的试点项目，其目标是培养学生的计算机意识，开发计算机在教学过程和现代社会中的应用，使学生在日常生活和各阶段教育中充分利用信息和通信技术。据世界银行对各国软件出口能力的调查显示，印度软件的质量、成本和出口规模三项综合指数居世界前列，成为世界上第二大计算机软件出口国。

（二）国外计算机课程设置突出专业差异

目前，国内大多数高校都是根据"全国高等院校计算机基础教育研究会"发布的《中国高校计算机教育课程体系 2007》为蓝本设置非计算机专业的计算机课程，将其中的信息技术应用基础和程序设计两门课定位为公共基础课，不同专业也是按照相同的计划和内容安排教学，课程的专业差异性很小。

国外高校在计算机课程的设置方面与国内情况大不一样。以加拿大不列颠哥伦比亚理工学院（简称 BCIT）的商学院和新加坡理工学院各个分院部分专业为例，两所学校非计算机专业设置的计算机课程与专业关联度高，专业差异彰显计算机课程差异，各专业设置完全相同课程的情况极少。在兼顾专业特色的情况下，前者主要开设计算机应用类的课程，而后者主要开设程序设计类的课程。

（三）国外计算机教学模式以学生为中心

法国高校是采用"教师主导与学生创造相结合"的一种模式，主要表现在以培养学生的情感、意志、责任心和敢于想象为目的，强调想象力在学习知识过程中的重要性，注重培养学生的实践能力、分析能力和判别能力。

德国高校的教学模式是采用"双元制"，主张大学生在学习过程中最好能够将兴趣爱好与未来就业结合起来。

美国高校注重以学生成长为中心，针对不同类型的学校，不同年级的学生，教学模式各不相同。

英国高校倡导"本科导师制下的精英教学模式"，认为课堂仅仅是大学文化的一部分，是一种见面制度的安排，是学生与老师沟通的一个环境，学生的汇报是课堂的核心，而不是老师一味地讲授灌输。

相比之下，在中国，高校的课堂教学模式还是以传统的应试教育为主，表现在教师在课堂上以讲授为主，知识内容大部分都是由老师来讲解，而学生只是被动地接受，这样就束缚了学生自主学习与思考问题的能力。

二、国内高职计算机基础课程的实施概况

近年来，国内许多专家、学者对高职教育的发展现状进行了研究，提出了很多具有借鉴意义且颇有启发性的观点。

陆黎提到，2008 年通过走访调查当地 50 家企业，其中有 26 家企业需要高职层次的人才，占总比例的 52%；90% 以上的企业急需网络安全、计算机维护方面的专业人才。目前，掌握了计算机技能和知识的专业人才社会需求缺口较大，但因学校人才培养模式以及管理体制等方面的原因，造成人才培养与社会需求间存在着一定的差距。他从师资队伍建设、人才培养模式、校企合作、实验室建设四个方面提出了如何缩小差距的途径和办法。

谢杨洋针对当前高校计算机教学的现状问题进行了详细分析，并建议采取合作学习的教学方式，提升学生的学习与研究兴趣；教师在教学中应注重语言的运用，打破沉闷的课堂气氛；应突出实践环节，增强学生的操作能力和创新意识；另外，对于计算机课程考核方面，则应轻理论重操作。

肖亚红为提高学生的操作技能，阐述了任务驱动法在高校计算机课程教学中的应用，陈述了任务驱动法的理论依据，分析了任务驱动法的优势，以及在高校计算机课程教学领域中如何实施任务驱动教学法，并对实施过程中容易出现的问题提出了一些建设性的想法。

盛明兰归纳出建构主义理论下的计算机教学方法主要有实例教学法、指导教学法以及问题教学法，对于不同的计算机课程可以采用不同的教学方法。

张务学在 2009 年的"百所名高职、百家名企业"合作发展论坛会上表示，在高校学生的培养中，建设示范性高校，其实是将学校建成一个与企业共赢的，以管理为主的平台。在建设与改革中要加强学校与企业的合作，学校为企业提供岗前培训的员工，企业将自有的设备和师资组合起来，与学校一道共同做好学生的实训培养。强调"顶岗是为了人才培养的顶岗，不是为了挣钱的顶岗，只有把实习、集训、顶岗进行有系统的设计之后去实践，才能达到预定的高职人才培养目标"。

从日前的研究成果来看，我国各高校的计算机基础教学现状整体不容乐观，只有少部分高校能结合当地的外部环境，已研究出行之有效的改革措施。但是涉及具体的操作层面的研究甚少，在创新理念下的计算机基础教育体系未得到充分的发展，观念上仍存在着以传统教学思维为主，缺乏通过计算机基础课程的教学培养创新型的学生，创新能力的培养与课程教学呈脱节状态。

第四节　国家中长期教育发展规划对高职计算机基础教育的新要求

一、国家中长期教育发展规划对高职教育的要求

《国家中长期人才发展规划纲要（2010—2020）》（以下简称《人才规划纲要》）是我国第一个中长期人才发展规划，是当前和今后一个时期全国人才工作的指导性文件。制定并实施《人才规划纲要》，是贯彻落实科学发展观，更好地实施人才强国战略的重大举措，是在激烈的国际竞争中赢得主动的战略选择，对于加快我国经济发展方式转变、全面建成小康社会具有重大意义。《人才规划纲要》对高等职业教育部署了艰巨的任务，为高等职业教育的改革发展指出了方向，明确这些任务和要求，对一名高职教育工作者具有现实的指导意义。

（一）《人才规划纲要》对高职教育提出的新任务

《人才规划纲要》在人才发展的总体部署中明确提出要建设包括高技能人才在内的 6 支人才队伍。而人才队伍建设的主要途径是教育，培养生产、管理、服务第一线高素质、高级技能型人才则是高职教育义不容辞的责任。人才发展的重大决策是国家对高职教育的期待，也是历史赋予当代中国高职教育的使命。

全国现有高校 1295 所，10 年间要承担 1100 多万高技能人才的培养任务，这与现在每所院校所承担的培养数量 5901 人相比，可以看出高校今后发展重点不在规模等硬条件上，而在于办学水平、培养质量、服务能力、办学特色等软实力，即迈入了注重内涵发展的新阶段。

（二）《人才规划纲要》提出了建设现代职业教育体系，高职教育引领职业教育科学发展的要求

《人才规划纲要》指出，要实施"国家高技能人才振兴计划"，主要举措是完善以企业为主体、职业院校为基础，学校教育与企业培养紧密联系、政府推动与社会支持相结合的高技能人才培养培训体系。这意味着高职教育步入了体系建设的新阶段，其特点是要充分发挥企业培养高技能人才的主体作用，充分发挥高等职业院校和高级技工学校、技师学院的培训基地作用，大力发展民办职业教育和培训，充分发挥各类社会团体的作用。完善的职业教育体系成为高技能人才成长的必要前提。

在完善新体系过程中，要贯彻落实人才发展的方针"服务发展、人才优先、以用为本、创新机制、高端引领、整体开发"。"人才优先"是《人才规划纲要》中最耀眼的一句话，它是指人才资源优先开发，人才结构优先调整，人才资本优先积累，人才制度优先创新。科学发展"以人为本"，人才发展"以用为本"。人才"以用为本"强调的是如何充分发挥人才的作用，实现人才自身的价值，提高人才效能。"高端引领"，即用高端人才的吸引和培养来引导整个国家或区域的人才工作，实现人才资源的整体开发。那么二十四字方针对高职现代教育体系建立起着怎样的指引作用呢？

以培养技能型人才为己任的职业教育必须适应经济发展方式的转变和经济结构的调整。转变职业教育发展方式的基本内涵：一是促进职业教育发展由注重规模扩大，向强化内涵、提高质量转变，着力培养学生的职业道德、职业技能和就业创业能力，着力提升支撑国家现代产业体系建设的能力；二是促进职业教育发展由中等、高等职业教育衔接不够，向促进各类职业教育统筹管理、系统衔接和协调发展转变，进一步提高职业教育服务社会多样化学习需求和多元化人才需求的能力；三是促进职业教育发展由主要依靠政府及其教育部门主导推进，向依靠政府主导、行业指导、企业参与协同推进转变，有效凝聚各方共识、动员全社会力量、整合各类资源共同发展职业教育，增强其发展生机与活力。

构建职业教育的终身教育理念。要求以终身学习理念引领学校教育改革，构建灵活开

放的终身教育体系，努力做到学历教育和非学历教育协调发展、职业教育和普通教育相互沟通、职前教育和职后教育有效衔接。搭建从初级工到高级技师的成长立交桥，为职业学校毕业生在职继续学习提供条件，让各类人才能得到有序的交替发展。高职教育既要引领职业教育的发展，又要注意与中等职业教育专业设置、课程体系和教材的有机衔接。

（三）《人才规划纲要》高技能人才队伍建设的主要举措为高职教育改革发展指出了方向和目标

《人才规划纲要》在高技能人才队伍建设中指出，加强职业培训，统筹职业教育发展，整合利用现有各类职业教育培训资源，依托大型骨干企业（集团）、重点职业院校和培训机构，建设一批示范性国家级高技能人才培养基地和公共实训基地。改革职业教育办学模式，大力推行校企合作、工学结合和顶岗实习。加强职业教育"双师型"教师队伍建设。在职业教育中推行学历证书和职业资格证书"双证书"制度。逐步实行中等职业教育免费和学生生活补助制度。实施国家高技能人才振兴计划，促进技能人才评价多元化。

目前，高校教育体制机制不完善，学校办学活力不足，特别是教育与产业、学校与企业、专业设置与职业岗位对接不够紧密，人才培养的针对性不强。双师型教师数量偏少，素质偏低。教育观念相对落后，内容方法比较陈旧，评价手段单一。毕业生继续学习通道不畅，学生适应社会和就业创业能力不强。

针对高职教育发展的滞碍之处，《人才规划纲要》指出了前进的方向，要求高校必须实现办学体制机制的根本转变，形成与区域经济发展相适应，结合院校发展实际并可有效运行的校企合作办学体制机制；必须实现高职教育发展环境的根本优化，形成政府大力支持，行业企业充分参与，社会高度专注的局面；必须实现专业建设模式和人才培养模式的根本变革，取得专业建设的标志性成果和人才培养的成功经验；必须实现高职教育的师资队伍和管理者队伍的根本再造，建设一支"双师"结构的师资队伍和学习型创新型管理队伍；必须实现社会服务能力的根本提升，把高校建成社会服务的优质平台，形成长效机制；必须实现人才培养质量评价体系的根本完善，形成以学校为主体、政府为主导，社会全面参与的教学质量评价体系和保障体系。

（四）《人才规划纲要》为高技能人才培养指出了路径

《人才规划纲要》明确要求制定高技能人才与工程技术人才职业发展贯通办法。建立高技能人才绝技绝活代际传承机制。广泛开展各种形式的职业技能竞赛和岗位练兵活动。完善国家高技能人才评选表彰制度，进一步提高高技能人才经济待遇和社会地位。《国家高技能人才振兴计划》提出高职教育要适应走新型工业化道路、加快产业结构优化升级的需要，加强职业院校和实训基地建设，培养造就一大批具有精湛技艺的高技能人才。到2020年，在全国建成一批技能大师工作室、1200个高技能人才培训基地，培养100万名高级技师。

根据《人才规划纲要》要求，我们可以归纳出六条高职教育高技能人才培养的工作机制，即"岗位使用、竞赛选拔、技术交流、表彰鼓励、合理流动、社会保障"。"岗位使用"即采取措施，聘任或聘用一批具有行业影响力的专家作为专业带头人，一批企业专业人才和能工巧匠作为兼职教师，依托国家、省级教学名师、行业知名专家，发挥名师和行业专家在新教师培养、技术创新和技术服务中的作用。鼓励和支持兼职教师申请教学系列专业技术职务，支持兼职教师或合作企业牵头申报教学研究项目、教学改革成果，吸引企业技术骨干参与专业建设与人才培养。根据人才的业绩和贡献，给予相应的报酬和待遇，做到"以价值体现价值，用财富回报财富"。高校作为高技能人才培养的主体，要积极组织与参与各种形式的岗位练兵和职业技能竞赛活动，展示职业教育改革成果，提高全社会对技能型人才培养的关注。同时为校企合作搭建平台，给企业发现优秀人才提供良好的机会。积极组织高校职业带头人、骨干教师参加高技能人才技术交流活动，举办或参与各种形式的高技能人才主题活动，挖掘和保护具有民族特色的民间传统技艺。对在竞赛选拔中涌现出来的高技能人才要积极表彰鼓励。

总之，《人才规划纲要》新形势下为高职教育对高技能人才的培养部署任务指明方向，对高职教育事业的发展起到全局性与先导性的作用。高校应吃透《人才规划纲要》精神，把握时机，立足学院现实，以建设优质特色职院为己任，实现办学模式有特色、人才培养模式有特色、教学模式有效果、人才培养质量高的目标，并获得社会所认可、满意的评价，赢得社会声誉，创造高职教育辉煌。

二、计算机基础教育在高校人才培养中的重要意义

计算机的发展和应用在不断推动信息社会的发展。作为新时代的大学生，必须掌握有关计算机的基本知识和应用能力，能够在今后的工作中将计算机技术与专业知识紧密结合，使计算机技术更有效地为本专业领域服务。高职高专计算机教育状况和水平是衡量一个学校教学水平和教学质量的重要指标，学生的计算机能力是《高职高专院校人才培养工作水平评估方案》中规定的综合职业能力测试之一。近几年来，虽然计算机基础教育的教学水平在不断提高，但由于计算机技术及网络技术的飞速发展，计算机知识在不断地更新、升级，现有的计算机基础教育课程教学现状已不能适应现代社会需求，必须对其进行改革，为学生以后适应市场需求提供更大的空间。

高校的计算机基础教育的本质是通过对学生基础的计算机知识的教授，从而培养学生的各种综合能力。计算机基础教育不仅是培养大学生的基础的计算机知识，同时还包括计算机的重要应用技术。更重要的一点是培养大学生对现代信息科技的预见性、独立性以及自觉性。具体来看，应该包含如下几个方面。

（1）促进思维能力的培养

计算机基础知识教授的任何过程和步骤都和人的思维密切相连，从了解相关的知识点

开始，到如何理解该知识点，再到制定详细的学习规划、利用电脑进行实际知识点的操作实践，直到最后完全掌握该知识点，都需要思维能力的参与。即使在对最基本的知识点的学习过程中，理解相关的专业术语、概念的含义以及查阅相关的计算机学习资料，思维都不可避免地参与其中，通过频繁的思维训练，最终为创新能力的培养打下坚实的基础。

（2）促进团队合作能力的培养

高校的计算机基础教育应当和相关的专业课相结合，采用团队教学的方式构建以用户为中心的素质教育模式，把计算机技术和批判性思维、研究方法、问题的解决以及学术的交流等紧密相结合。这就要求计算机基础的授课教师和各学科、各领域的教师建立长久的合作伙伴关系，这种团队式的教学模式使得各教师积极发挥自身的专长，使计算机基础教育有着良好的效果。此外，这种团队工作式的教学模式，学生耳濡目染，渐渐地养成了学生的团队合作能力。

（3）促进解决问题能力的培养

高校计算中心一般都设立了数据库资源实验室、教学和研究实验室、软件开发实验室，这些都面向全体学生开放。增设综合性、设计性、研究性均比较强的实验项目，有目的地锻炼学生解决问题的能力。学生可以按照实验的内容和目的，查阅相关的文献资料，自主设计实验方案，最终获取实验结果，并进行分析和讨论得出实验报告。在研究型的实验教学过程中，教师的任务是根据实验的提示方向，严格审核学生自己制定的实验方法，并且在实验时要特别注重观察和调控，帮助学生释疑，找出实验中的不足，不断提高学生实验的水平和能力。从而在实验的过程中，学生各种能力得到了完全的锻炼，特别是解决问题的能力。

（4）促进学生其他综合能力的培养

在高校的计算机基础教育中，不可避免地涉及有关网页制作以及各种办公软件使用的学习和竞赛。在这一过程中，学生的心理素质得到了不断训练，同时学习和竞赛本身也是一个耗体力耗脑力的过程，学生艰苦顽强的作风在这一过程得以充分的训练和展现。这为学生成为创新型人才奠定了良好的基础。

高校的计算机基础教育应当与社会发展的程度相适宜，应该根据相关课程的特征，通过恰当的教学方式和方法，最大限度地利用一切可利用的硬件和软件资源，让学生拥有适应社会发展需要的实践动手的操作能力以及思维能力，进而达到人才培养的目标。

三、新要求下高职计算机基础教育的指导思想

高等职业院校教育的目标是培养国家和社会需要的人才，计算机基础教育的任务和目标是既培养既精通本专业知识，又掌握计算机应用技能的复合型人才。这对高等职业院校的教育提出了新的挑战，进一步加强高等职业院校的计算机基础教育，才能适应社会的发展形势实现计算机与其他专业技术的融合。

（1）明确计算机基础教育的教育目标

在高等职业院校的教育中，对计算机基础教育应该给予高度的重视，应当及时地调整教学计划，并结合各专业课的需求制定符合社会人才需求的教育目标，将其作为计算机教育的任务予以明确。注重培养各专业学生对计算机科学新思想、新知识、新技术的兴趣和自学能力，使学生在今后的工作和学习中能够利用计算机来提高效率，使计算机能够更好地帮助他们实现自己的理想，针对不同专业的学生，应建立起完善的计算机课程体系，从而保证学生毕业后具备与专业需要所适应的计算机能力，实现计算机基础教育的根本目标。

（2）注重计算机综合能力的培养

计算机作为信息时代的主要载体，正发挥着越来越重要的作用。计算机技术是一门综合性学科，既具有很强的理论性，又具有很强的实用性。计算机综合能力的培养要求理论与实践相结合，更加注重学生的实践能力。高等职业院校的人才培养模式，由应试教育向素质教育的转变，促使计算机的教学模式进行改革，加快计算机方面的理论和实践的结合，使计算机基础教育更加贴近现实，具有更强的操作性和实用性。计算机基础教育的工作应在教学规律的基础上，优化传统的教学模式，加强对学生计算机综合能力的培养，大学生能够适应社会在计算机知识、能力和素养等方面的要求，从而成为高素质的复合型人才。

（3）加强各计算机专业与各专业的融合

随着计算机技术的发展和逐步完善，各专业技术之间的沟通和交流日益密切，计算机技术与其他专业的融合已经成为社会发展的必然趋势。各专业学科与计算机技术的融合可以加快学科之间的发展速度，提高学科的科研水平。计算机基础教学起到基础性和先导性的作用，专业课的学习则决定了学生在本专业应用计算机解决实际问题的能力。高等职业院校在抓好计算机基础教育的同时，关注计算机教学在专业教学中的融合，使二者有机融合。高等职业院校的计算机基础教育水平，直接影响着各专业人才的计算机应用能力以及适应社会发展需求的能力。提高高等职业院校的计算机基础教育水平，进一步明确计算机基础教育在教育中的作用，不断加强专业间的融合，逐步提高学生的应用能力，才能培养出更多符合现代科技发展需求的人才。

本章首先讨论了高校学生学情和高校新生计算机基础情况，然后充分分析了国内外高校计算机基础教育研究现状，最后根据国家中长期教育发展规划对高职计算机基础教育的新要求，强调了计算机基础教育在高校人才培养中的重要意义，提出了高职计算机基础教育的指导思想。

第三章　计算机专业人才培养现状与改革

通过教学改革与研究，树立先进的人才培养理念，构建具有鲜明特色的学科专业体系和灵活的人才培养模式，才能造就适合当地经济建设和社会发展的，适用面广、实用性强的专业人才。

第一节　当前计算机专业人才培养现状

一、专业定位和人才培养目标不明确

国内重点大学和知名院校的专业培养强调重基础、宽口径，偏重研究生教育。而高校由于生源质量、任课教师水平等诸多因素的影响，要达到重点院校的人才培养目标确实勉为其难。高校的生源大部分来自农村和中小城市，地域和基础教育水平的差异，使得他们视野不够开阔，知识面不够宽，许多与实践能力培养相关的课程与环节在片面追求升学率的情况下被放弃。这些学生上大学，怀抱"知识改变命运"的个人目标，对于来自农村的生源来说是无可厚非的，然而一进入大学之门，就被学校引导进入以考取研究生或掌握一技之长为目的的学习之中，重蹈中学应试学习之路，过于迫切的愿望，导致他们把考试成绩看得特别重，忽视了实践能力的运用。加上高校的学术氛围、学习风气的影响，教学效果一般难与重点院校相提并论，所以培养出来的学生基本理论、动手能力、综合素质普遍与重点大学和社会对人才的需要有一定的差距。专业定位和培养目标的偏差，造成部分高校计算机专业没有形成自己的专业特色，培养出来的学生操作能力和工程实践能力相对较弱，缺乏社会的竞争力。

二、培养方案和课程体系不能因地制宜

计算机专业的培养方案和课程体系，除了学习和借鉴一些名牌大学、重点大学之外，有些是对原有计算机科学与技术专业的培养计划和课程体系进行修改。无论何种方式，由于受传统的理科研究性的教学思想的影响，都是从研究软件技术的视角出发制订培养方案

和设计课程体系的。这些课程体系不是以工程化、职业化为导向，而是偏重理论教育，特别是与软件工程相关的技能与工程实训很少，甚至根本没有。按照这样的培养方案和课程体系，一方面软件工程专业实训内容难以细化，重理论轻实践，虽然实验开出率也很高，也增加了综合性、设计性的实验内容，但是学生只是机械地操作，不能提高学生自己动手、推理能力，从而造成了学生创新能力不足。另一方面，课程内容陈旧、知识更新落后，忽视针对性和热点技术，无法跟上发展迅速的业界软件技术，专业理论知识难度较大，学生很难完全掌握和吸收，又学不到最新的专业技术，专业成才率较低。

生源质量、师资水平、地方经济发展程度的不同，要求高校培养人才要因地制宜，探索出真正体现高校计算机专业特色的培养计划和课程体系，培养出适合企业需要的软件工程技术人才。

三、实践教学体系建设不完善

计算机专业的集中实践教学环节的硬件条件大多按照教育部评估的要求进行了配置，实践课程也按照计划进行了开设。但是很多都是照搬一般模式，有些虽然也安排学生到公司实习，但是对如何从实验教学、实训教学以及"产、学、研"实践平台构建等环节进行实践教学体系的建设考虑还远远不够，更谈不上如何根据专业自身的生命周期和需要进行实践教学的安排。很多实践过程学生根本就没有深入地学习，只是做了一些简单的验证实验，没有深入分析问题、解决问题的过程。另外，学生实验、实践和实训都是以个人为单位，缺少团队合作精神和情商培养，学生以自我为中心，缺乏与人沟通的能力和技巧，难以适应现代 IT 企业注重团队合作的工作氛围。

四、缺少有项目实践经历的师资

高校计算机专业的师资力量相对于重点院校还是相当薄弱，相当一部分教师是从校门到校门，缺少项目实践经历，没有生产一线的工作经验。另外，学校与行业、企业联系不够紧密，教师难以及时了解和掌握企业的最新技术发展和体验现实的职业岗位，致使专业实践能力明显不足，"双师"素质的教师在专职教师中所占比例较低。真正符合职业教师特点和要求的教师培训机会不多，很多教师以理论教学为主导地位的教育观念没有改变，没有培养学生超强实践能力的意识，导致在教学过程中过分强调考试成绩，实践课程的学习成了附属品。没有好的师资很难培养出优秀的软件工程人才。

五、教学考核与管理方式存在问题

高校扩招后，高校普遍存在师资不足的问题。因此，理论课程和实践课程往往由同一名教师担任，合班课也非常普遍，为了简化考核工作，课程的考核往往就以理论考试为主，对于实践能力要求高的课程，也是通过笔试考核，60 分成了学生是否达到培养目标、是否能毕业的一个硬性的指标。学习缺乏过程性评价和有效监控，业余时间多且无人管理，给学生的错觉是只要达到 60 分，只要能毕业，基本任务就完成了，能否解决实际问题已不重要。这些问题在学生毕业设计、毕业论文阶段也非常突出，但因为学生面临找工作以及毕业设计指导管理等问题，毕业设计阶段对学生工程实践能力的培养也有弱化的趋势。

第二节　计算机专业教育思想与教育理念

任何一项教育教学改革，必须在一定的教育思想和先进的教育理念的指导下进行，否则教学改革就成为无源之水，无本之木，难以深化并持续开展。

一、杜威"做中学"教育思想的解读

约翰·杜威是美国著名的哲学家、教育家和心理学家，其实用主义的教育思想，对 20 世纪东西方文化产生了巨大的影响。联合国教科文组织产学合作教席提出的工程教育改革的三个战略"做中学"、产学合作与国际化，其中的第一战略"做中学"便是杜威首先提出的学习方法。

"教育即生活""教育即生长""教育即经验的改造"是杜威教育理论中的三个核心命题，这三个命题紧密相连，从不同侧面揭示出杜威对教育基本问题的看法。以此为据，他对知与行的关系进行了论述，提出了举世闻名的"做中学（Learning by doing）"原则。

（一）杜威教育思想提出的时代背景

19 世纪后半期，美国正处在大规模的扩张和改造时期，随着工业化进程的加快，来自世界各国的大量移民涌入美国，促进了美国资本主义经济的迅速发展。但是大多数移民受教育程度不高，在美国经济中扮演的是廉价的农业或工矿业非熟练工的角色，一方面，资产阶级迫切需要大量的为他们创造剩余价值的、有较高文化程度的熟练工人；另一方面，在年轻的移民和移民后裔的心中也有着强烈的愿望——通过接受教育从而改变其窘迫的生活现状。此外，工业化和城市化进程在加快美国经济发展速度的同时，也引发了一系列的社会问题，如环境恶化、贫富差距加大、城市犯罪增多、公立教育低劣和频繁的经济危机等，由此产生的轰轰烈烈的农民运动和工人运动，对美国教育的改革提出了更为紧迫的要求。如何使学校教育适应工业化的进程，如何使移民及移民子女受到他们所需要的教育，按照美国的生活和思维方式来教育他们，使之增强本土文化意识，成为当时美国社会人士特别是教育界人士必须面对和思考的一个重要问题。

19 世纪中期的美国社会，在学校教育领域中占据统治地位的是赫尔巴特的教育思想。

赫尔巴特认为，教学是激发兴趣、形成观念、传授知识、培养性格的过程，与此相适应，他提出了教学的4个阶段，即明了、联想、系统、方法。赫尔巴特教学的形式阶段，其致命弱点就是过于机械、流于形式，致使学校生活、课程内容和教学方法等方面极不适应社会发展的变化。

面对美国工业化进程引起的社会生活的一系列巨大变化，杜威进行了认真而深入的思索，主张学校的全部生活方式，从培养目标到课程内容和教学方法都需要进行改革。杜威在其《明日之学校》里强调："我们的社会生活正在经历着一个彻底的和根本的变化。如果我们的教育对于生活必须具有任何意义的话，那么它就必须经历一个相应的完全的变革……这个变革已经在进行……所有这一切，都不是偶然发生的，而是出于社会发展的各种需要。"以杜威为代表的实用主义教育思想的产生是社会发展的必然趋势。

（二）"做中学"提出的依据

从批判传统的学校教育出发，杜威提出了"做中学"这个基本原则，这是杜威教育思想重要组成部分。在杜威看来，"做中学"的提出有三方面的依据。

1."做中学"是自然的发展进程中的开始

杜威在《民主主义与教育》一书中指出，人类最初经验的获得都是通过直接经验获得的，自然的发展进程总是从包含着"做中学"的那些情境开始的，人们最初的知识和最牢固地保持的知识是关于怎样做的知识。他认为，人的成长分为不同的阶段，在第一阶段，学生的知识表现为聪明、才力，就是做事的能力，例如，怎样走路、怎样谈话、怎样读书、怎样写字、怎样溜冰、怎样骑自行车、怎样操纵机器、怎样运算、怎样赶马、怎样售货、怎样待人接物等。从"做中学"是人成长进步的开始，通过从"做中学"，儿童能在自身的活动中进行学习，因而开始他的自然的发展进程。而且，只有通过这种富有成效的和创造性的运用，才能获得和牢固地掌握有价值的知识。正是通过从"做中学"，学生得到了进一步成长和发展，获得了关于怎样做的知识。随着儿童的长大以及对身体和环境的控制能力的增加，儿童将在周围的生活中接触到更为复杂和广泛的方面。

2."做中学"是学生天然欲望的表现

杜威强调，现代心理学已经指明了这样一个事实，即人的固有的本能是他学习的工具。一切本能都是通过身体表现出来的。所以，抑制躯体活动的教育，就是抑制本能，因而也就是妨碍了自然的学习方法。与儿童认识发展的第一阶段特征相适应，学生生来就有天然探究的欲望，要做事，要工作。他认为，一切有教育意义的活动主要的动力在于学生本能的、由冲动引起的兴趣，因为由这种本能支配的活动具有很强的主动性和动力性特征，学生在活动的过程中遇到困难会努力去克服，最终找到问题的解决方法。进步学校"在一定程度上把这一事实应用到教育中去，运用了学生的自然活动，也就是运用了自然发展的种种方法，作为培养判断力和正确思维能力的手段。这就是说，学生是从"做中学"的。

3. "做中学" 是学生的真正兴趣所在

杜威认为，学生需要一种足以引起活动的刺激，他们对有助于生长和发展的活动有着真正的浓厚兴趣，而且会保持长久的注意倾向，直到他们将问题解决。对于儿童来说，重要的和最初的知识就是做事或工作的能力，因此，他对 "做中学" 就会产生一种真正的兴趣，并会用一切的力量和感情去从事使他感兴趣的活动。学生真正需要的就是自己去做，去探究。学生要从外界的各种束缚中解脱出来，这样他的注意力才能转向令他感兴趣的事情和活动。更为重要的是，如果是一些不能真正满足儿童生长和好奇心需要的活动，儿童就会感到不安和烦躁。因此，要使儿童在学校的时间内保持愉快和充实，就必须使他们有一些事情做，而不要整天静坐在课桌旁。"当儿童需要时，就该给他活动和伸展躯体的自由，并且从早到晚都能提供真正的练习机会。这样，当听其自然时，他就不会那么过于激动兴奋，以致急躁或无目的的喧哗吵闹。"

（三）"做中学" 的内涵

杜威认为，在学校里，教学过程应该就是 "做" 的过程，教学应该从学生的现在生活经验出发，学生应该从自身活动中进行学习。从 "做中学" 实际上也就是从 "活动中学"、从 "经验中学"。把学校里知识的获得与生活过程中的活动联系起来，充分体现了学与做的结合，知与行的统一。从 "做中学" 是比从 "听中学" 更好的学习方法，在传统学校的教室里，一切都是有利于 "静听" 的，学生很少有活动的机会和地方，这样必然会阻碍学生的自然发展。

杜威的 "做" 或 "活动"，最简单的可以理解为 "动手"，学生身体上的许多器官，特别是双手，可以看作一种通过尝试和思维来学得其用法的工具。更深一层次的理解可以上升为是与周围环境的相互作用。杜威从关系存在的视角审视人的生存状态，指出生命活动最根本的特质就是人与环境的水乳交融、相互依存的整体样式。人与自然、人与环境之间存在着本然的联系，一种契合关系，这种相互融通的关系的存在，是生命得以展开的自然前提。生命展开的过程是生命与环境相互维系的过程，这个过程离不开生命的 "做与经受（doing and undergoing）"，即经验。

传统认识论意义上的经验是指主体感受或感知等纯粹的心理性主观事件，而杜威的 "经验" 内涵远远超出了认识论的界限，包括了整个生活和历史进程。这是对传统认识论经验概念的根本改造，突破了传统认识论中经验概念的封闭性、被动性，具有主动性和创造性的内涵，向着环境和未来开放。在杜威看来，"做与经受" 是生命与环境之间的互动过程，是经验的展开历程。"经验正如它的同义词生活和历史一样，既包括人们所从事与所承受的事，他们努力为之奋斗着的、爱着的、相信着与忍受着的东西，而且同时也是人们如何行为与被施与行为的，他们从事与承受、渴望与接受，观看、相信、想象着的方式——经验着的历程。" 这就是杜威所说的 "做与经受"，一方面，它表示生命有机体的承受与忍耐，不得不经受某种事物的过程；另一方面，这种忍受与经受又不完全是被动的，它是一种主动的"面对"，是一种"做"，是一种"选择"，体现着经验本身所包含的主动与被动的双重结构。杜威还强调，经验意味着生命活动，生命活动的展开置身于环境中，而且本身也是一种环境性的中介。何处有经验，何处便有生命存在；何处有生命，何处就保持有同环境之间的一种双重联系，经验乃是生命存在的基本方式。

经验是生命在生存环境中的连续不断的探求，这种经验的过程、探求的过程是生命的自然样态，这个过程就是一种自然的学习过程——从"做中学"。"学习是一种生长方式"，"学习的目的和报酬是继续不断生长的能力"，是习性的建立和改善的过程。

（四）对杜威"做中学"的辨析

1. 在"做中学"的活动中，学生的"做"并非自发的、单纯的行动

"做中学"的基本点是强调教学需要从学生已有的经验出发，通过他们的亲身体验，领会书本知识，通过"做"的活动，培养手脑并用的能力。其中的"做"是沟通直接经验与间接经验的一种手段，是一种面对，一种选择，学生的"做"并非盲目的。杜威指出："教育上的问题在于怎样抓住儿童活动并予以指导，通过指导，通过有组织的使用，它们必将达到有价值的结果，而不是散漫的或听任于单纯的冲动的表现。"在杜威领导的实验学校里，儿童们什么时候学习什么内容，都是经过周密的考虑、按计划进行的，儿童"做"的内容大体包括纺纱、织布、烹饪、金工、木工、园艺等，与此相平行的还有三个方面的智力活动即历史的或社会的研究、自然科学、思想交流，可见儿童并非单纯自发地做。

杜威强调，儿童学习要从实践开始，并非要儿童学习每个问题时都事必躬亲，更未否定学习书本知识，不仅如此，他更重视把实践经验与书本知识联系起来。被称为一门学科的知识，是从属于日常生活经验范围的那些材料中得来的，教育不是一开始就教学生活经验范围以外的事实和真相。"在经验的范围内发现适合于学习的材料只是第一步，第二步是将已经经验到的东西逐步发展而更充实、更丰富、更有组织的形式，这是渐渐接近于提供给熟练的成人的那种教材的形式。"但是"没有必要坚持上述两个条件的第一个条件"。在杜威看来，如果儿童已经有了这类的经验，在教学中就不必再让他们从"做"开始，如果仍坚持这样做，就会"使人过分依赖感官的提示，丧失活动能力"。

2. "做中学"并非只注重直接经验，不重视学习间接经验

杜威强调，教学要从学生的经验开始，学习必须有自身的体会，但杜威并不忽视间接经验的作用，他对传统教育的批判不是反对传统教育本身，而是传统教育那种直接以系统的、分化的知识作为整个教育与课程的出发点的不当做法。杜威认为，系统知识既是经验改造的一个重要条件，又是经验改造所要达到的一个结果。无论如何，个人都应利用别人的间接经验，这样才能弥补个人经验的狭隘性和局限性。他说："没有一个人能把一个收藏丰富的博物馆带在身边，因此无论如何，一个人应能利用别人的经验，以弥补个人直接经验的狭隘性。这是教育的必要组成部分。"可见，杜威认为间接经验的学习是十分重要

的，是知识获得的重要源泉。他要求教材必须与学生的活动、经验相联系，并让学生通过"做"的活动领会教科书中的知识。所以，教材的编写要能反映出世界最优秀的文化知识，同时又能联系儿童生活，被儿童乐于接受。并且，还应提供给学生作为"学校资源"和"扩充经验的界限的工具"的资料性的读物，这样的读物是引导儿童的心灵从疑难通往发现的桥梁。

同时，杜威还认为在"做中学"的过程，除了有感性的知觉经验之外，也有抽象的思维过程。他认为"经验不加以思考是不可能的事。有意义的经验都是含有思考的某种要素"。"在经验中理论才有亲切的与可以证实的意义"，说明他的"经验"中包括理性的成分。

3. "做中学"并不否定教师的主导作用

杜威教育思想的一个非常重要的特点就是教育的一切措施要从儿童的实际出发，做到因材施教，以调动儿童学习的积极性和主动性，即"儿童中心论"。以儿童为中心就是要求教育方面的"一切措施"——教学内容的安排、方法的选用、教学的组织形式、作业的分量等，都要考虑到儿童的年龄特点、个性差异、能力、兴趣和需要，要围绕儿童的这些特点去组织，去安排。而这个"一切措施"的组织安排，主角便是教师。可见，杜威对传统教育那种"以教师为中心"的批评，并不摒弃教师指导作用的地位。教学过程中，在如何发挥教师和学生的积极性问题上，杜威坚持辩证的观点，他认为教师"应该是一个社会集团（儿童与青年的集团）的领导者，他的领导不以地位，而以他的渊博知识和成熟的经验。若说儿童享有自由之后，教师便应退处无权，那是愚笨的话"。有些学校里，不让教师决定儿童的工作或安排适当的环境，以为这是独断强制。不由教师决定，而由儿童决定，不过以儿童的偶然接触，代替教师智慧的计划而已。教师有权为教师，正是因为他最懂得儿童的需要与可能，从而能够计划他们的工作。在杜威实验的学校里，儿童需要得到教师更多的指导，教师的作用不是减弱了，而是更重要了。教师是教学过程的组织者，发挥教师的主导作用与"以儿童为中心"并不矛盾。

二、构思、设计、实现、运作教育理念

为了应对经济全球化形势下产业发展对创新人才的需求，"做中学"成为教育改革的战略之一。作为"做中学"战略下的一种工程教育模式，构思、设计、实现、运作教育理念自 2010 年起，在以 MIT（麻省理工学院）为首的几十所大学操作实施以来，迄今已取得显著成效，深受学生欢迎，得到产业界高度评价。构思、设计、实现、运作教育理念对我国高等教育改革产生了深远的影响。

（一）构思、设计、实现、运作教育理念

构思、设计、实现、运作教育理念是基于工程项目全过程的学习，是对以课堂讲课为主的教学模式的革命。构思、设计、实现、运作教育理念代表构思（Conceivec）、设

计（Design）、实现（Implement）和运作（Operate），它是"做中学"原则和"基于项目的教育和学习（Project Based Education and Learning）"的集中体现，它以产品研发到产品运行的生命周期为载体，让学生以主动的、实践的、课程之间具有有机联系的方式学习和获取工程能力。其中，构思包括顾客需求分析，技术、企业战略和规章制度设计，发展理念，技术程序和商业计划制订；设计主要包括工程计划、图纸设计以及实施方案设计等；实施特指将设计方案转化为产品的过程，包括制造、解码、测试以及设计方案的确认；运行则主要是通过投入实施的产品对前期程序进行评估的过程，包括对系统的修订、改进和淘汰等。

构思、设计、实现、运作教育理念是在全球工程人才短缺和工程教育质量问题的时代背景下产生的。从1986年开始，美国国家科学基金会（NSF）逐年加大对工程教育研究的资助；美国国家研究委员会（NRC）、美国国家工程院（NAE）和美国工程教育学会（ASEE）纷纷展开调查并制定战略计划，积极推进工程教育改革；1993年欧洲国家工程联合会启动了名为EUR-ACE（Accreditation of European Engineering Programmes and Graduates）的计划，旨在成立统一的欧洲工程教育认证体系，指导欧洲的工程教育改革，以加强欧洲的竞争力。欧洲工程教育的改革方向和侧重点与美国一样：在继续保持坚实科学基础的前提下，强调加强工程实践训练，加强各种能力的培养。在内容上强调综合与集成（自然科学与人文社会科学的结合，工程与经济管理的结合）。同时，针对工科教育生源严重不足问题，美欧各国纷纷采取措施，从中小学开始，提升整个社会对工程教育的重视。正是在此背景下，MIT以美国工程院院士Ed.Crawley教授为首的团队和瑞典皇家工学院等3所大学从2000年起组成跨国研究组合，获Knutand Alice Wallenberg基金会近1600万美元巨额资助，经过4年探索创立构思、设计、实现、运作教育理念并成立CDIO国际合作组织。

在构思、设计、实现、运作教育理念国际合作组织的推动下，越来越多的高校开始引入并实施CDIO工程教育模式，并取得了很好的效果。在我国，清华大学和汕头大学的实践证明，"做中学"的教学原则和CDIO工程教育理念同样适合国内的工程教育，这样培养出来的学生，理论知识与动手实践能力兼备，团队工作和人际沟通能力得到提高，尤其受到社会和企业的欢迎。CDIO工程教育模式符合工程人才培养的规律，代表了先进的教育方法。

（二）对构思、设计、实现、运作教育理念的解读与思考

构思、设计、实现、运作教育理念的概念性描述虽然比较完整地概括了其基本内容，但是还是比较抽象、笼统。其实，最能反映CDIO特点的是其大纲和标准。构思、设计、实现、运作教育理念模式的一个标志性成果就是课程大纲和标准的出台，这是CDIO工程教育的指导性文件，详细规定了CDIO工程教育模式的目标、内容以及具体操作程序。因此，要深刻领会CDIO的理念，在实践中创造性地加以运用，最好的办法就是对CDIO的大纲和标准进行解读和深入思考。

1. 构思、设计、实现、运作教育理念大纲的目标

构思、设计、实现、运作教育理念课程大纲的主要目标是"建构一套能够被校友、工业界以及学术界普遍认可的，未来年轻一代工程师必备的知识、经验和价值观体系。"提出系统的能力培养、全面的实施指导、完整的实施过程和严格的结果检验的 12 条标准。大纲的意愿是让工程师成为可以带领团队成功地进行工程系统的概念、设计、执行和运作的人，旨在创造一种新的整合性教育。该课程大纲对现代工程师必备的个体知识、人际交往能力和系统建构能力做出的详细规定，不仅可以作为新建工程类高校的办学标准，而且还能作为工程技术认证委员会的认证标准。

2. 构思、设计、实现、运作教育理念大纲的内容

构思、设计、实现、运作教育理念大纲的内容可以概述为培养工程师的工程，明确了高等工程教育的培养目标是未来的工程人才"应该为人类生活的美好而制造出更多方便于大众的产品和系统。"在对人才培养目标综合分析的基础上，结合当前工程学所涉及的知识、技能及发展前景，CDIO 大纲将工程毕业生的能力分为技术知识与推理能力、个人能力与职业能力和态度、人际交往能力、团队工作和交流能力。在企业和社会环境下构思—设计—实现—运行系统方面的能力（4 个层面），涵盖了现代工程师应具有的科学和技术知识、能力和素质。大纲要求以综合的培养方式使学生在这 4 个层面达到预定目标。构思、设计、实现、运作教育理念大纲为课程体系和课程内容设计提供了具体要求。

为提高可操作性，构思、设计、实现、运作教育理念大纲对这 4 个层次的能力目标进行了细化，分别建立了相应的 2 级指标和 3 级指标。其中，个人能力、职业能力和态度是成熟工程师必备的核心素质，其 2 级指标包括工程推理与解决问题的能力（又包括发现和表述问题的能力、建模、估计与定性分析能力等 5 个 3 级指标）、实验和发现知识的能力、系统思维的能力、个人能力和态度、职业能力和态度等。同时，现代工程系统越来越依赖多学科背景知识的支撑，因此学生还必须掌握相关学科的知识、核心工程基础知识、高级工程基础知识，并具备严谨的推理能力。为了能够在以团队合作为基础的环境中工作，学生还必须掌握必要的人际交往技巧，并具备良好的沟通能力。最后，为了能够真正做到创建和运行产品 / 系统，学生还必须具备在企业和社会两个层面进行构思、设计、实施和运行产品 / 系统的能力。

构思、设计、实现、运作教育理念课程大纲实现了理论层面的知识体系、实践层面的能力体系和人际交往技能体系 3 种能力结构的有机结合。为工程教育提供了一个普遍适用的人才培养目标基准，同时它又是一个开放的、不断自我完善的系统，各个院校可根据自身的实际情况对大纲进行调整，以适应社会对人才培养的各方面需求。

3. 构思、设计、实现、运作教育理念标准解读

构思、设计、实现、运作教育理念的 12 条标准是一个对实施教育模式的指引和评价

系统，用来描述满足 CDIO 要求的专业培养。它包括工程教育的背景环境、课程计划的设计与实施、学生的学习经验和能力、教师的工程实践能力、学习方法、实验条件以及评价标准。在这 12 条标准中，标准 1，2，3，5，7，9，11 这 7 项在方法论上区别于其他教育改革计划，显得最为重要，另 5 项反映了工程教育的最佳实践，是补充标准，丰富了 CDIO 的培养内容。

（1）标准 1：背景环境

构思、设计、实现、运作教育理念是基于 CDIO 的基本原理，即产品、过程和系统的生命周期的开发与实现适合工程教育的背景环境。因为它是一个可以将技术知识和其他能力的教、练、学融为一体的文化架构或环境。构思—设计—实现—运行是整个产品、过程和系统生命周期的一个模型。

标准 1 作为构思、设计、实现、运作教育理念的方法论非常重要，强调的是载体及环境和知识与能力培养之间的关联，而不是具体的内容，对于这一关联原则的理解正确与否关系到实施 CDIO 的成败。构思、设计、实现、运作教育理念模式当然要通过具体的工程项目来学习和实践，但得到的结果应当是从具体工程实践中抽象出来的能力和方法。不论选取什么样的工程实践项目开展 CDIO 教学，其结果都应当是一样的，最终都是一般方法的获得和通用能力的提高，而不是局限于该项目所涉及的具体知识。这就是"做中学"的通识性本质。也就是说，工程实践的重点在于获得通用能力和工程素质的提高，而不是某一工程领域和项目中所涉及的具体知识。通识教育的关键是要培养学生的各种能力，也就是要培养学生获得学习、应用和创新的能力，而不仅仅是传统意义上的基础学科理论及相关知识。工程教育要培养符合产业需要的具有通用能力和全面素质的工程人才，其教学必须面向和结合工程实践，能力的培养目标只有通过产学合作教育的机制和"做中学"的方法才能真正实现。

（2）标准 2：学习效果

学习效果就是学生经过培养后所获得的知识、能力和态度。构思、设计、实现、运作教育理念教学大纲中的学习效果，详细规定了学生毕业时应学到的知识和应具备的能力。除了对技术学科知识的要求之外，也详列了个人、人际能力以及产品、过程和系统建造能力的要求。其中，个人能力的要求侧重于学生个人的认知和情感发展；人际交往能力侧重于个人与群体的互动，如团队工作、领导能力及沟通；产品、过程和系统建造能力则考察在企业、商业和社会环境下的关于产品、过程和工程系统的构思、设计、实现与运行、设置具体的学习效果，学习效果的内容和熟练程度要通过主要利益相关者和组织的审查和认定。因此，构思、设计、实现、运作教育理念从产业的需求出发，在教学大纲的设计与培养目标的确定上，应与产业对学生素质和能力的要求逐项挂钩，否则教学大纲的设计将脱离产业界的需要，无法保障学生可获得应有的知识、技能和能力。

（3）标准 3：一体化课程计划

标准 3 要求建立和发展课程之间的关联，使专业目标得到多门课程的共同支持。这个课程计划，不仅让学生学到相互支持的各种学科知识，而且还应能在学习的过程中同时获取个人、人际交往能力以及产品、过程和系统建造的能力（标准 2）。以往各门课程都是按学科内容各自独立，彼此关联很少，这并不符合 CDIO 一体化课程的标准，按照工程项目全生命周期的要求组织教、学、做，就必须突出课程之间的关联性，围绕专业目标进行系统设计，当各学科内容和学习效果之间有明确的关联时，就可以认为学科间是相互支持的。一体化课程的设置要求，必须打破教师之间、课程之间的壁垒，改变传统各自为政的做法，在一体化课程计划的设计上发挥积极作用，在各自的学科领域内建立本学科同其他学科的联系，并给学生创造获取具体能力的机会。

（4）标准 4：工程导论

导论课程通常是最早的必修课程中的一门课程，它为学生提供产品、过程和系统建造中工程实践所需的框架，并且引出必要的个人和人际交往能力，大致勾勒出一个工程师的任务和职责以及如何应用学科知识来完成这些任务。导论课程的目的是通过相关核心工程学科的应用来激发学生的兴趣和学习动机，为学生实现构思、设计、实现、运作教育理念教学大纲要求的主要能力发展提供一个基础。

（5）标准 5：设计实现的经验

设计实现的经验是指以新产品和系统的开发为中心的一系列工程活动。设计实现的经验按规模、复杂度和培养顺序，可分为初级和高级两个层次，其结构和顺序是经过精心设计的，以构思—设计—实现—运作为主线，规模、复杂度逐步递增，这些都要成为课程的一部分。因而，与课外科技活动不同，这一系列的工程活动要求每个学生都要参加，而不像是兴趣小组以自愿为原则。认识到这样的高度，实训环节的安排便有据可查，不是可有可无、可参加可不参加的。通过设计的项目实训，能够强化学生对产品、过程和系统开发的了解，更深入地理解学科知识。

当然，实践的项目最好来自产业第一线，因为来自一线的项目，包含有更多的实际信息，如管理、市场、顾客沟通和服务、成本、融资、团队合作等，是企业真正需要解决的问题，可以让学生在知识和能力得到提高的同时，技术之外的素质也得到提升。校企合作实施构思、设计、实现、运作教育理念、教学模式，必须开发和利用足够多的项目，才能保证大量学生的学习和训练。因此，除了"真刀真枪"的实战项目外，也可以采用一些企业做过的项目、学生自选的有意义的项目、有社会和市场价值的项目或其他来源的项目来设计一系列的工程活动，让学生在"做中学"。

（6）标准 6：工程实践场所

工程实践场所即学习环境，包括学习空间，如教室、演讲厅、研讨室、实践和实验场所等，这里提出的是学习环境设计的一个标准，要求能够做到支持和鼓励学生通过动手学习产品、过程和系统的建造能力，学习学科知识和社会学习。也就是说，在实践场所和实验室内，学生不仅可以自己动手学习，也可以相互学习并进行团队协作。新的实践场所的创建或现有实验室的改造，应该以满足这一首要功能为目标，场所的大小取决于专业规模和学校资源。

（7）标准7：一体化学习经验—集成化的教学过程

标准2和标准3分别描述了课程计划和学习效果，这些必须有一套充分利用学生学习时间的教学方法才能实现。一体化学习经验就是这样一种教学方法，旨在通过集成化的教学过程，培养学科知识学习的同时，培养个人、人际交往能力以及产品、过程和系统建造的能力。这种教学方法要求把工程实践问题和学科问题相结合，而不是像传统做法那样，把两者断然分开或者没进行实质性的关联。例如，在同一个项目中，应该把产品的分析、设计以及设计者的社会责任融入练习中同时进行。

这种教学方法要在规定的时间内达到双重的培养目标：获得知识和培养能力。更进一步的要求是教师既能传授专业知识，又能传授个人的工程经验，培养学生的工程素质、团队工作能力、建造产品和系统的能力，使学生将教师作为职业工程师的榜样。这种教学方法可以更有效地帮助学生把学科知识应用到工程实践中去，为达到职业工程师的要求做好更充分的准备。

集成化的教学标准要求知识的传递和能力的培养都要在教学实践中体现，在有限的学制时间内需要处理好知识量和工程能力之间的关系。"做中学"战略下的构思、设计、实现、运作教育理念模式，以"项目"为主线来组织课程，以"用"导"学"，在集成化的教学过程中，突出项目训练的完整性，在做项目的过程中学习必要的知识，知识以必须、够用为度，强调自学能力的培养和应用所学知识解决问题的能力。

（8）标准8：主动学习

基于主动经验学习方法的教与学。主动学习方法就是让学生致力于对问题的思考和解决，教学上重点不在被动信息的传递上，而是让学生更多地从事操作、运用、分析和判断概念。例如，在一些以讲授为主的课程里，主动学习可包括合作和小组讨论、讲解、辩论、概念提问以及学习反馈等。当学生模仿工程实践进行如设计、实现、仿真、案例研究时，即可看作是经验学习。当学生被要求对新概念进行思考并必须做出明确回答时，教师可以帮助学生理解一些重要概念的关联，让他们认识到该学什么，如何学，并能灵活地将这个知识应用到其他条件下。这个过程有助于提升学生的学习能力，并养成终身学习的习惯。

（9）标准9：提高教师的工程实践能力

这一标准提出，一个构思、设计、实现、运作教育理念专业应该采取专门的措施，提高教师的个人、人际交往能力以及产品、过程和系统建造的能力，并且最好是在工程实践背景下提高这种能力。教师要成为学生心目中职业工程师的榜样，就应该具备如标准3，4，5，7所列出的能力。我们师资最大的不足是很多教师专业知识扎实，科研能力也很强，但实际工程经验和商业应用经验都很缺乏。当今技术创新的快速步伐，需要教师不断提高和更新自己的工程知识和能力，这样才能够为学生提供更多的案例，更好地指导学生的学习与实践。

提高教师的工程实践能力，可以通过如下几个途径：①利用学术假期到公司挂职；②校企合作，开展科研和教学项目合作；③把工程经验作为聘用和提升教师的条件；④在学校引入适当的专业开发活动。

教师工程能力的达标与否是实施构思、设计、实现、运作教育理念成败的关键，解决师资工程能力最为有效的途径是"走出去，请进来"校企合作模式。一方面，高校教师要到企业去接受工程训练、取得实际的工作经验；另一方面，学校要聘请有丰富工程背景经验的工程师兼职任教，使学生真正接触到当代工程师的榜样，获得真实的工程经验和能力。

（10）标准10：提高教师的教学能力

这一标准提出，大学要有相应的教师进修计划和服务，采取行动，支持教师在综合性学习经验（标准7）、主动和经验学习方法（标准8）以及考核学生学习（标准11）等方面的自身能力得到提高。既然构思、设计、实现、运作教育理念专业强调教学、学习和考核的重要性，就是必须提供足够的资源使教师在这些方面得到发展，如支持教师参与校内外师资交流计划，构建教师间交流实践经验的平台，强调效果评估和引进有效的教学方法等。

（11）标准11：学习考核——对能力的评价

学生学习考核是对每个学生取得的具体学习成果的度量。学习成果包括学科知识，个人、人际交往能力以及产品、过程和系统建造能力等方面（标准2）。这一标准要求，构思、设计、实现、运作教育理念的评价侧重于对能力培养的考查。考核方法多种多样，包括笔试和口试，观察学生表现，评定量表，学生的总结回顾、日记、作业卷案、互评和自评等。针对不同的学习效果，要配合相适应的考核方法，才能保证能力评价过程的合理性和有效性。例如，与学科专业知识相关的学习效果评价可以通过笔试和口试来进行；与设计—实现相关的能力的学习效果评价则最好通过实际观察记录来考查更为合适。采用多种考核方法以适合更广泛的学习风格，并增加考核数据的可靠性和有效性，对学生学习效果的判定具有更高的可信度。

另外，除了考核方法要求是多样的之外，评价者也应是多方面的，不仅仅要来自学校教师和学生群体，也要来自产业界，因为学生的实践项目多从产业界获得，对学生实践能力的产业经验的评价，产业工程师拥有最大的发言权。

构思、设计、实现、运作教育理念模式是能力本位的培养模式，本质上有别于知识本位的培养模式，其着重点在于帮助学生获得产业界所需要的各种能力和素质。因此，如果仍然沿用知识本位的评价方法和准则的话，基于构思、设计、实现、运作教育理念人才培养的教学改革就难免受到一些人的抨击，难以持续开展下去。因此，对各种能力和素质要给予客观准确的衡量，必须要有新的评价标准和方法，改变观念以适应构思、设计、实现、运作教育理念这种新的教育模式。

（12）标准12：专业评估

专业评估是对构思、设计、实现、运作教育理念的实施进展和是否达到既定目标的一个总体判断，对照以上12条标准评估专业，并以继续改进为目的，向学生、教师和其他利益相关者提供反馈。专业总体评估的依据可通过收集课程评估、教师总结、新生和毕业生访谈、外部评审报告、对毕业生和雇主的跟进研究等，评估的过程也是信息反馈的过程，是持续改善计划的基础。

构思、设计、实现、运作教育理念的培养目标是符合国际标准的工程师，除了具备基本的专业素质和能力之外，还应具有国际视野，了解多元文化并有良好的沟通能力，能在不同地域与不同文化背景的同事共事。因此，联合国教科文组织产学合作教席提出了"做中学"、产学合作、国际化3个工程教育改革的战略，构思、设计、实现、运作教育理念作为"做中学"战略下的一种新的教育模式，很好地融汇了这3个战略的思想，虽然还有大量的理论和实践问题需要研究，但是在工程教育改革中已经显示出了强大的生命力。

第三节　计算机专业教学改革与研究方向

当前高校计算机人才的培养目标、培养模式、课程体系、教学方法、评价方式等都无法适应业界的实际需求，专业教学改革势在必行。通过深入学习和领会杜威的"做中学"教育思想和构思、设计、实现、运作教育理念的先进做法，借鉴国际、国内兄弟院校的教学改革实践经验，结合自身实际情况，我们确定了以下几个教学改革与研究的方向。

一、适应市场需求，调整专业定位和培养目标

构思、设计、实现、运作教育理念的课程大纲与标准，对现代计算机人才必备的个体知识、人际交往能力和系统建构能力做出了详细规定，为计算机专业教育提供了一个普遍适用的人才培养目标基准，需要强调的是，这只是一个普遍的标准，是最基本的能力和素质要求。构思、设计、实现、运作教育理念模式是一个开放的系统，其本身就是通过不断的实证研究和实践探索总结出来的，并非一成不变。众所周知，MIT等世界一流名校，他们的构思、设计、实现、运作教育理念模式是培养世界顶尖的工程人才，国内如清华大学等高校的CDIO模式改革也同样是针对顶尖工程人才培养的，是精英化的工程人才培养。社会需求是多样化的，需要精英化的工程人才，也需要大众化的工程人才。高校应根据社会多样化的需求，结合本地的经济发展情况、学校自身的办学条件、生源特点，明确自己的专业定位和培养目标，只有专业定位和培养目标准确了，后面的教育教学改革才不会偏

离方向，才能取得成效。

某科技大学地处经济欠发达的西部地区，学校所在地虽然经济总量位于全区前茅，但与东部沿海发达地区的差距还是很大，IT 及相关产业的发展相对缓慢，起步低、规模小，企业对软件人才的要求更为现实，希望能有招之即来，来之就能独当一面的高综合素质人才。一些高校的生源由于受教育条件和环境的限制，使得他们的视野和知识面相对都不够开阔，对行业领域不大了解，更缺少对专业学习的规划和认识，学什么、怎样学、将成为什么样的一个人、毕业后能去哪里、能做什么等更需要专业的引导与明示。

计算机软件产业的蓬勃发展，无疑需要大量的相关从业人员，产业的竞争对人才的能力和素质提出了更高的要求。据麦可思中国大学生就业课题研究内容显示，软件工程专业近几年的平均薪酬水平都位于前列。东部和沿海地区对毕业生的人才吸引力指数为67.3%，约两倍于中西部地区的人才吸引力指数，所以就业流向大部分是东部和沿海地区，中西部地区吸引和保留人才的能力都较弱，属于人才净流出地区。

针对行业发展对人才能力素质的需求，结合本地经济发展状况和学校办学条件，经过深入研究和探讨，我们确定了高校计算机专业的办学定位：立足本省、面向全国，培养在生产一线从事计算机系统的设计、开发、运用、检测、技术指导、经营管理的工程技术应用型人才。麦可思的调查显示，大学毕业生对就学地有着较高的就业偏好。因此，我们立足于本省，服务于地方经济，同时向全国，特别是长三角、珠三角地区输送软件工程技术人才。

对照构思、设计、实现、运作教育理念的能力层次和指标体系，我们提炼出高校计算机专业的培养目标：培养具有良好的科学技术与工程素养，系统地掌握软件工程的基本理论、专业知识和基本技能与方法，受到严格的软件开发训练，能在软件工程及相关领域从事软件设计、产品开发和管理的高素质专门人才。

经过 3 年的学习培养，学生应该具有通识博雅的人格素质和终身多元的学习精神，具备务实致用的专业能力和开拓创新的竞争力，能成为适应产业需求的建设人才。随着高新技术的不断涌现，应用型技术人才培养目标必须通过市场调研，不断进行更新和调整，但万变不离其宗——能力和素质的提高。

二、修订专业培养计划，改革课程设置，更新教学内容

专业培养计划是人才培养的总体设计和实施蓝图，它根据人才培养目标和培养规格，制订了明确的知识结构和能力要求，设置了专业要求的课程体系，是专业教育改革的核心问题，对提高教育质量，培养合格人才有着举足轻重的作用。

近年来，软件工程的飞速发展，使软件工程理论和技术不断更新，高校培养计划和课程体系不能适应这种变化的矛盾日益突出，因而高校人才培养方案的制定和调整必须把业界对人才培养的需求作为重要的依据，分析研究市场对软件人才的层次结构、就业去向、

能力与素质等方面的具体要求，以及全球化和市场化所导致的人才需求走向等，以能力要求为出发点，以"必须、够用为度"，并兼顾一定的发展潜能，合理确定知识结构，面向学科发展，面向市场需求，面向社会实践修订专业培养计划。

课程设置必须跟上时代步伐，教学内容要能反映出软件开发技术的现状和未来发展的方向。高校计算机专业的课程设置，重基础和理论，学科知识面面俱到，不能体现出应用型技术人才培养的特点。因此，作为相关的专业教师，必须及时了解最新的技术发展动态，把握企业的实际需求，汲取新的知识，做到该开设什么课程、不应开设什么课程心中有数，对教材的选用应以学用结合为着眼点，根据实际需要选择。对于原培养计划中不再适应业界发展要求的课程要坚决排除，对于一些新思维、新技术、新运用的内容，要联合业界，加大课程开发力度，不断地更新完善课程体系。

在构思、设计、实现、运作教育理念理论框架下完善高校计算机专业培养计划的内容，合理分配基础科学知识、核心工程基础知识和高级工程基础知识的比重，设计出每门课程的具体可操作的项目，以培养学生的各种能力，正如标准3一体化的课程计划的规定，不仅让学生学到相互支持的各种学科知识，而且还应能在学习的过程中同时获取个人、人际交往能力以及产品、过程和系统建造的能力，对培养计划和课程设置必须深入地研究和探讨。

需要注意的是，在强调工程能力重要性的同时，构思、设计、实现、运作教育理念并不忽视知识的基础性和深度要求。构思、设计、实现、运作教育理念课程大纲所列的培养目标既包括专业基础理论，也包括实践操作能力；既包括个体知识、经验和价值观体系，也包括团队合作意识与沟通能力，体现出典型的通识教育价值理念。此外，应用型技术人才还应当有广泛的国际视野。通识教育是学生职业生涯发展后劲的基础，专业教育是学生职场竞争力的根本保证。

三、改进教学方法，创建"主导—主体"的教学模式

传统的课堂教学，以教师为中心，以教材讲授为主，学生被动接受知识，抹杀了学生学习的自主性和创造性。基于对杜威"做中学"教育思想的理解，传统的教学方法必须改变，师生关系必须重新构建。

在"做中学"教育思想指导下的构思、设计、实现、运作教育理念模式，强调的是教学应该从学生的现有生活经验出发，从自身活动中进行学习，教学过程应该就是"做"的过程。教育的一切措施要让学生从学生的实际出发，做到因材施教，以调动学生学习的积极性和主动性，即"以学为中心"。

构思、设计、实现、运作教育理念是基于工程项目全过程的学习，这个全过程要围绕学生的学展开，为学生创建主动学习的情境，促进主动学习的产生。在发挥学生主动性的同时，"做中学"并非否定教师的指导作用。相对传统课堂，师生关系、课堂民主都要发

生重大的变化。

以学生为中心的"做中学",是学生天然欲望的表现和真正兴趣所在,符合个体认知发展的规律,有利于构建和谐民主的师生关系,更能促进学习的发生。如何把这种教育理念转换为教育实践,关键是对两个问题的理解,一是如何诠释"以学生为中心",二是何谓"教学民主"。

以学生为中心,不能笼统提及、泛泛而谈,这样不利于深入认识,也不利于实际操作,需要进一步明确以学生的什么为中心?杜威的以学生为中心,具体地讲是以学生的需要,特别是根本需要为中心,对大学生来说,他们的根本需要在于增进知识,提高能力和素质。以学生的根本需要为中心,那么"中心"二字又如何理解?从传统的以教师为中心到以学生为中心,高等教育的思想观念发生了重大变化,但是这个"中心"概念的转换常常引发一些操作上的误区。教学过程从教师一统天下,变为一盘散沙,"做中学"又饱受一些人的诟病,实际上,这是对杜威教育思想认识不到位的缘故。"中心"关系的确立,是教学过程中师生关系的重新确定,涉及另外一个概念——教学民主。

表面上看,教学民主无非是师生平等,是政治民主的教学化。然而,教学民主的真正核心在于学术民主,而不是教学过程中师生之间的社会学含义的民主,民主在教学中的具体指向就是学术。师生之间在学术地位上存在天然的不平等,因此在教学过程中的学术民主强调的是一种学术民主氛围的构建。

传统的课堂上,教师不仅是教学过程的控制者、教学活动的组织者、教学内容的制订者和学生学习成绩的评判者,而且是绝对的权威,这种师生关系形成不了教学民主的气氛。因此,教师要转变角色,从课堂的传授者转变为学习促进者,由课堂的管理者转变为学习的引导者,由居高临下的权威转向"平等中的首席"专家。这样一种教学民主氛围,有利于发挥教师的指导作用,又能充分发挥学生的主体作用。这就是"主导—主体"的教学模式。

四、改革教学实践模式,注重实践能力的培养

构思、设计、实现、运作教育理念的实践就是"做中学",做"什么"才能让学生学到知识,获得能力的提升,这就需要改革教学实践模式,优化整合实践课程体系。

实践教学是整个教学体系中一个非常重要的环节,是理论知识向实践能力转换的重要桥梁。以往的实践课程体系,也认识到实践的重要性,但由于没有明确的改革指导思想,实践教学安排往往不能落实到位,大多数停留在验证性的层次上,与构思、设计、实现、运作教育理念的标准要求相差甚远。切实有效的实践教学体系,应根据构思、设计、实现、运作教育理念,将实验环节与计算机专业的整个生命周期紧密结合起来,参考构思、设计、实现、运作教育理念工程教育能力大纲的内容,以培养能力为主线,把各个实践教学环节,如实验、实习、实训、课程设计、毕业设计(论文)、大学生科技创新、社会实践等,通过合理的配置,以项目为载体,将实践教学的内容、目标、任务具体化。在实际操作的过

程中，可将案例项目进行分解，按照通识教育、专业理论认知、专业操作技能和技术适应能力4个层次，由简单到复杂，由验证到应用，从单一到综合，由一般到提高，从提高到创新，循序渐进地安排实践教学内容，依次递进，3年不间断地进行。合理配置、优化整合实践教学体系是一个复杂的过程，并非易事，需要在实践中不断地探索，也是高校计算机专业教育教学改革的重点和难点。

五、转变考核方式，改革考试内容，建立新的评价体系

专业教育教学改革的宗旨是培养综合素质高、适应能力强的业界需求人才。构思、设计、实现、运作教育理念对能力结构的4个层次进行了细致的划分，涵盖了现代工程师应具有的科学和技术知识、能力和素质，所以主张不同的能力用不同的方式进行考核。针对不同类别的课程，结合构思、设计、实现、运作教育理念，设计考核与评价模型，建立多样化的考核方式来实现对学生的自学能力、交流与沟通能力、解决问题能力、团队合作能力和创新能力等进行考核与评价。这些考核方式和评价模型的科学性、合理性是专业教育教学改革需要深入研究的一个方向。

考试内容是学生学习的导向，不能让学生出现重理论、轻实践或重实践、轻理论的两极倾向。因此，在考试内容上，不仅要求考核课程的基本理论、基本知识、基本技能的掌握情况，还要考核学生发现问题、分析问题、解决问题的综合能力和综合素质；在考试形式上，可以采取多种多样的方式进行，一切以能全面衡量学生知识掌握和能力水平为基准，使学生个性、特长和潜能有更大的发挥余地。如采取作业、综合作业、闭卷等多种方式，除了有理论考试，也要有实践型的机试，还可以以学生提交的作品为考核依据，建立以创造性能力考核为主，常规测试和实际应用能力与专业技术测试相结合的评价体系，促进学生创新能力的发展。

考什么，如何考？作为学生专业学习的终端检测，从某种意义上讲比教什么内容更为重要，因此一定要把好考核质量关，不能让一些考核方式流于形式，影响学风建设。多年来，专业课教学大多数是由任课教师自己出题自己考核，内容和方式有比较大的随意性，教学效果的好坏自己评说，因而教学质量的高低很大程度上取决于教师的责任心。如何建立一套课程考核与评价的监督机制又是一个值得深入思考的问题。

第四节　计算机专业教学改革研究策略与措施

杜威的"做中学"教育思想，为计算机专业教育改革解决了一个方法论的问题，在这个方法论基础上的构思、设计、实现、运作教育理念，为计算机教育改革的目标、内容以及操作程序提供了切实可行的指导意见。在推进专业的教育教学改革研究过程中，我们解

放思想，放下包袱，根据实际情况，制定和落实各项政策和措施，为专业取得改革成效提供了一个根本保障。基于构思、设计、实现、运作教育理念模式的高校计算机专业的教育教学改革研究，是我们对各项教学工作进行梳理、反思和改进的一个过程。

一、更新教育理念，坚定办学特色

任何改革的成功都是从理念革新开始的，人才培养模式的改革和实践是教育思想和教育观念深刻变革的结果。经过组织学习，要求每一个参与者都要准确把握教学改革所依据的教育思想和理念，明确改革的目的和方向，坚定信念，这样才能保证改革持续深入地开展。

构思、设计、实现、运作教育理念模式的大工程理念，强调密切联系产业，培养学生的综合能力，要达到培养目标最有效的途径就是在"做中学"，即基于项目的学习，在这种学习方式中，学生是学习的主体，教师是学习情境的构造者，是学习的组织者、促进者，并作为学习伙伴中的首席，随时提供给学生学习帮助。教学组织和策略都发生了很大的变化，要求教师要有更高的专业知识和丰富的工程背景经验。构思、设计、实现、运作教育理念不仅仅强调工程能力的培养，通识教育也同等重要，"做中学"的"做"，并非放任自流，而是需要更有效的设计与指导，强调"做中学"，并不忽视"经验"的学习，也就是要处理好专业与基础、理论与实践的关系。只有清楚地认识到这些，教学改革才不会偏离既定的轨道。

随着我国高等教育大众化的发展，各类高等教育机构要形成明确合理的功能层次分工。地方高校应回归工程教育，坚持为地方经济服务，培养高级应用技术人才，在"培养什么样的人"和"怎样培养人"的问题上做出文章，办出特色。

二、完善教学条件，创造良好育人环境

在应用计算机专业的建设过程中，结合创新人才培养体系的有关要求，紧密结合学科特点，不断完善教学条件。

（1）重视教学基本设施的建设。多年来，通过合理规划，积极争取到学校投入大量资金，用于新建实验室和更新实验设备、建设专用多媒体教室、学院专用资料室。实验设备数量充足，教学基础设施齐全，才能满足教学和人才培养的需要。

（2）加强教学软环境建设。在现有专业实验教学条件的基础上，加大案例开发力度，引进真实项目案例，建立实践教学项目库，搭建课程群实践教学环境。

（3）扩展实训基地建设范围和规模，办好"校内""校外"实训基地，搭建大实训体系，形成"教学—实习—校内实训—企业实训"相结合的实践教学体系。

（4）加强校企合作，多方争取建立联合实验室，促进业界先进技术在教学中的体现，促进科研对教学的推动作用。

三、建立课程负责人制度，全方位推进课程建设和教材建设

本着夯实基础、强化应用、基于项目化教学的原则，根据培养目标要求，在构思、设计、实现、运作教育理念大纲的指导下，以学生个性化发展为核心，以未来职业需求为导向，大力推进课程建设和教材建设。针对计算机科学与技术专业所需的基础理论和基本工程应用能力，根据前沿性和时代性的要求，构建统一的公共基础课程和专业基础课程，作为专业通识教育学生必须具备的基本知识结构，为专业方向课程模块提供有效支撑，为学生后续学习各专业方向打下坚实的基础。

教材内容要紧扣专业应用的需求，改变"旧、多、深"的状况，贯穿"新、精、少"的原则，在编排上要有利于学生自主学习，着重培养学生的学习能力。一些院校为集中教学团队的师资优势，启动课程建设负责人项目，对课程建设的具体内容、规范做出明确要求，明确了课程建设的职责和经费投入，这些有益经验值得我们借鉴和学习。

四、加强教学研讨和教学管理，突出教法研究

教育教学改革各项政策与措施最终的落脚点在常规的课堂教学上。因此，加强教学研讨和教学管理是解决教学问题、保证教学质量的根本途径。

定期召开教学研讨会，组织全体教师讨论制订课程教学要点，研究教学方法，针对教学中存在的突出问题，集思广益，解决问题。对于新担任教学任务的教师或者是新开设的课程，要求在开学之初必须面向全体教师做教学方案的介绍，大家共同探讨，共同提高。教学研讨的内容围绕教材、教学内容的选择、教学组织策略的制订等展开，突出教法研究。

加强教学管理和制度建设，逐步完善学校、学院、教研室三级教学管理体系，并建立教学过程控制与反馈机制。学校以国家和教育部相关法律、法规为依据，针对教师培训制度、教学管理制度、教学质量检查与评价制度、学生学籍管理制度以及学位评定制度等制定了一系列文件，并针对教学管理中出现的新情况、新问题，对教学管理相关文件及时修订、完善和补充。教研室主任则具体负责每一门课程的落实情况，把各项规章制度贯穿到底。教学督导组常规的教学检查、每学期都要进行的教学期中检查以及学生评教活动等有效地保证了对教学过程的控制，及时获取教学反馈，以便做出实时调整和改进。这些制度和措施有效地保证了教学秩序的正常开展和教学质量提高。

五、加强教师实践能力培养，提高教师专业素质

要实现培养高质量计算机专业应用型人才的目标，应该以现任专业教师为基础，建立一支素质优良、结构合理的"双师型"师资队伍。除了不拘一格引进或聘用具有丰富工程经验的"双师型"教师之外，我们同时还采取有力措施，鼓励和组织教师参加各类师资培

训、学术交流活动，努力提高师资队伍的业务水平和工程能力，不断更新和拓展计算机专业知识，提高专业素养。鼓励教师积极关注学校发展过程中与计算机相关项目的实施，积极争取学校支持，尽可能把这些与计算机相关的项目放在学校内部立项、实施。这些可以为老师和学生提供一次实践锻炼的机会，降低计算机软件开发成本，方便计算机软件的维护。

另外，还要有计划地安排教师到计算机软件企业实践，了解行业管理知识和新技术发展动态，积累软件开发经验，努力打造"双师型"教师队伍。教师们将最新的计算机软件技术和职业技能传授给学生，指导学生进行实践，才能培养学生实践创新能力。

六、深度开展校企合作，规范完善实训工作的各项规章制度

近年来，一些高校积极开展产学合作、校企合作，充分发挥企业在人才培养上的优势，共同合作培养合格的计算机应用型技术人才。学校根据企业需求调整专业教学内容，引进教学资源，改革课程模块，使用案例化教材，开展针对性人才培养。企业共同参与制定实践培养方案，提供典型应用案例，选派具有软件开发经验的工程师指导实践项目；由企业工程师开设职业素养课，帮助学生了解行业动态，拓宽专业视野，提高职业素养，树立正确的学习观和就业观。与企业共建实习基地，让学生感受企业文化，使学生把所学的知识与生产实践相结合，获得工作经验，完成从学生到员工的角色过渡，企业从中培养适合自己的人才。

在与企业进行深度合作的过程中，各种各样的、预想到和未预想到的事情都会发生，为保证实训质量正常持续地开展下去，防患于未然，一些高校特别成立软件实训中心，专门负责组织和开展实训工作，制定、规范和完善各项实训工作的规章制度及文档，如《软件工程实训方案》《学院实训项目合作协议》《软件工程专业应急预案》《毕业设计格式规范》等，就连情况汇报、各种工作记录登记表等都做了规范要求。这些制度和要求的出台，为校企合作、深入开展实训工作，保证实训效果以及培养工程型高素质人才起到了保驾护航的作用。

第四章　计算机专业应用型人才培养创新发展环境

第一节　MOOC下的高校计算机应用型人才培养教学

作为一门公共基础课程，高校计算机基础课程是以学生计算机文化素养、基本技能、基础知识为立足点，提高学生的综合素养。随着信息网络时代的到来，计算机被广泛应用于社会生活的方方面面，这对高校计算机基础教学的要求越来越高，计算思维能力和计算机应用能力的培养逐渐成为教学重点。所以，必须要加强计算机基础教学的改革，完善教学模式，调整教学内容，创新教学观念，满足教学改革的需求，实现高校教育事业的良性发展。本节就对MOOC环境下的高校计算机基础教学改革进行分析和探究。

一、MOOC模式概述

MOOC模式属于一种开放式的在线教学模式，是信息时代下的产物，将其用于计算机基础教学中，可以达到良好的教学效果。通常MOOC模式具有如下优点：一是知识传播。计算机基础课程在MOOC模式下表现为"交互式联系＋微视频"，减少知识颗粒，便于学生碎片化学习，加快知识资源的优化整合，扩大知识传播范围，强化文化辐射能力。在MOOC模式下，借助互联网特性来跨越地域和国界，帮助学生学习计算机课程内容，发挥出其在知识传播方面的优势。二是引导学生自主学习。对于计算机基础课程而言，其实践性较强，故教师需要丰富教学形式、强化实践教学，并在激发学生学习兴趣的前提下，引导学生自主学习，达到学以致用的目的，而MOOC模式恰好满足这一要求。该模式包括学习小组和论坛等互动模式，学生可以利用其进行线上讨论或线下操作，获取所需的知识技能，拥有充足的机会学习计算机技术。三是教学方法的个性化及多维度。传统的教学模式主要面向特定的学生人群，但MOOC模式下的教学资源可通过网络进行优化整合，如国内外的慕课资源，优化配置教学资源，确保知识的传播不受时间和地理的限制，让学生掌握更加丰富的教学资源。

第一，因材施教与普遍要求之间的缺失。由于计算机基础教学课时少、内容多，有些教师为赶进度而采用满堂灌的方式，导致学生缺乏自主学习的能力，加上学生来自全国各地，在计算机学习能力和知识掌握方面存在较大差距，从心理上畏惧计算机，缺乏学习自信心，致使教师不能因材施教。这样往往会让基础弱的学生感觉听不懂，而基础好的学生认为该课程不具备学习的价值，导致学生缺乏学习兴趣。

第二，信息发展要求与课程基本定位的滞后性。许多高校自实施计算机基础课程后，教学内容涉及计算机学科的多种软件和多门重要课程中提炼的共性知识，主要介绍基本概念、基础知识、软件使用等，实践环节也对工具使用加以重视，导致很多学生片面认为计算机基础就是学习计算机软件及其使用方法、计算机理论知识。但是在信息网络时代背景下，计算机被应用于各个领域，社会对人才提出了更高的要求，不再只局限于软件的使用，而是能用所学知识解决实际问题，实现学以致用的目的。计算机基础课程强调思维训练，故要将计算思维作为学生思维的培养，注重计算思维基础教学，计算机基础课程教学要紧跟时代发展需求，从基本操作技能和基本知识的培养转变为计算思维的培养，提高学生的综合应用能力。

第三，学时配置少与教学内容单元多的矛盾。高校计算机基础教学的内容涉及网络基础知识、多媒体应用、办公自动化软件、操作系统、计算机基础知识等，是后续计算机课程的前提，教学的好坏对学生学习兴趣的激发及后续课程的有序接续具有直接影响，所以该课程承担的责任极其重大。

二、MOOC 环境下高校计算机基础教学改革的措施

（一）创新教学理念

计算思维是指涵盖计算机科学广度的思维活动，即利用计算机科学的基础概念来理解人类行为、设计系统、求解问题等。通常大一新生学习计算机基础课程时，在理解方面相对困难，但计算思维是每人都具备的技能，只有调动学生的计算思维，才能实现预期的教学目标。在传统的授课过程中，计算机思维活动多是无意识的、潜移默化的，这就需要教师在教学中突出目标导向，鼓励学生主动借助计算思维分析、思考、解决问题，并在课程的每个知识单元中贯穿计算思维，提高教学效果。

（二）优化教学内容

高校教师应该致力于计算机基础课程教学的改革，关注课程的发展动向，根据实际情况提出科学的教学目标，适当调整授课内容，编写相关的上机实验指导书及教材。例如，某校在计算机基础课程教材中增加了算法的内容，并将基于流程图的程序设计软件RAPTOR 引入其中，借助 RAPTOR 对算法进行描述，降低教学难度，提高教学效果。因RAPTOR 是以流程图为依据的编程环境，利用流程图的执行与跟踪对算法进行直观创建，进而显示数据的变化情况及最终运行结果，使学生准确理解算法，掌握编程语言。

（三）合理引入 MOOC 模式

随着现代教育理论的发展以及计算机技术的进步，涌现出许多新兴的教育模式，为 MOOC 模式的发展提供了有利条件。MOOC 教学模式是一种立足网络课程的新型教学模式，在计算机教学工作中的优势尤其明显，也因此深受教育工作者的青睐，故教师必须要准确把握这一契机，适应教学模式的改革，积极探索基于 MOOC 模式的优质教学资源，有效弥补传统教学的不足之处，提供更为开放的教学环境，免受课时数、地点、时间、人数的限制，最大限度发挥出网络的交互性、开放性，使学生受益颇多。

（四）强化计算思维理念

对于计算机基础课程教学来说，强化计算思维的目标导向和教学理念，将计算思维贯穿于教材各个单元章节中，如数据库管理、计算机编码设计、系统功能描述等。一般学生刚接触计算机基础课程时，基本是从问题的解决方式层面出发，利用计算思维的方式对计算机的应用、管理、软硬件知识等进行介绍，用计算思维的方式分析、解决问题。同时，教师可以在教学中有意识地引导学生思维，对计算机解决问题的规律加以总结，鼓励学生积极探索未知世界，通过反复思考及学习来强化解决问题的能力，提高计算思维能力。

（五）发挥 MOOC 模式优势

MOOC 模式是传统教学模式的延伸及补充，将其应用于高校计算机基础课程教学中，可以将教学内容分割成相互关联的知识单元，实施分级教学的方式，如应用篇、提高篇、基础篇等；或者是将视频教学切割成更小的微课程，学生通过在网络上对微课程的学习，就能解决不少学生在课堂上无法掌握的问题，在便捷性、时效性上都有很大的优势，也有利于不同学习基础学生的反复学习，对提高学生计算机能力具有突出作用。除此之外，教师利用交互式的论坛模式，对多观点、多层次的知识点学习论题进行合理设计，组织学生讨论所学的内容，对学生的疑问进行及时回复和解答，通过差异化及个别化的辅导来提高课堂教学效率，弥补课程教学的不足之处，实现师生之间的良性互动。

在 MOOC 教学环境下，高校计算机基础课程教学存在诸多问题，但也面临一定的契机，这就需要立足实际，适当进行教学改革，创新教学理念，优化教学内容，合理引入 MOOC 模式，强化计算思维理念，发挥 MOOC 模式优势，从而激发学生的学习兴趣，增强学生的计算机文化素养、基本技能及基础知识，培养出综合型与实用型的人才，提高课堂教学品质和教学效果，为教育教学的改革与创新提供强有力的支持。

第二节　高校计算机网络教学发展

国际互联网是 21 世纪最重要的信息传递工具。计算机网络的发展水平标志着一个国家科学技术发展水平和社会信息化程度的高低。随着网络的普及，网络已走进了千家万户，广泛应用于各行各业，直接或间接地影响着每个人的生活。因而，熟练掌握或精通一定的网络技术是时代的必然要求。为此，高校千方百计采取得力措施，切实提高学生计算机网络理论水平和实践能力，是提高大学生自身素质和为社会输送合格的计算机人才的必由之路。文章结合个人工作实际和时代发展的要求，从六个方面阐述了提高高校计算机网络教学质量的有效策略，即历练教师队伍，聘用双师型的教师；结合人才市场需求，调整办学指导思想；优化课程结构，更新教学内容；创设教学情境，融洽师生关系；收集成功教学案例，充实教学资源库；发挥网络平台优势，开展网络自主学习。

伴随着计算机网络技术的快速发展，网络与人们的生产和生活有着千丝万缕的联系。特别是网络学习是人们顺应学习型社会的客观要求。可见，熟练掌握或精通一定的计算机网络技术对培养大学生的自学能力、分析和解决实际问题的能力以及实现自身的可持续发展意义深远。教学实践证明，在教育改革不断深化的今天，计算机网络教学只有顺应时代的要求，不断创新教学模式，更新教学内容，才能切实提高教学质量。

一、历练教师队伍，聘用双师型的教师

教学质量是高校的生命线，教学质量的提高关键在教师。计算机网络技术实践性很强，实践实训课程的教学质量直接关系到学生的学习效果。因此，历练一支双师型的教师队伍对提高计算机网络教学课堂教学质量举足轻重。教师除了拥有扎实的计算机网络理论基础外，还应具备丰富的实践实训经验。只有具备了这些基本素质，教师在计算机网络教育教学过程中才能将理论与实践有机结合；才能将新旧知识融会贯通；才能让学生掌握满足终身发展的计算机网络通用技术、实用技术；才能在以后的工作实践中从容应对新问题，推动计算机网络技术向纵深方向发展。

二、结合人才市场需求，调整办学指导思想

科学技术一日千里，信息技术飞速发展，计算机网络建设、网络应用和网络服务日新月异，网络问题也层出不穷。可见，在这个信息时代突飞猛进的日子里，高校只有培养出一大批能解决网络中实际问题的高级网络技术应用型人才，才能顺应时代发展的需求。因此，高校计算机网络教学要遵循实用为主的原则，一方面要结合人才市场的需求，另一方面要满足大学生的就业需求，及时调整办学指导思想，与市场接轨，与国际接轨，为社会培养合格的新型网络人才。比如，结合当前 CNGI、网格、云计算等网络热点，数字化校园、小区建设等实际问题及时调整办学思想，及时跟上网络技术的发展，及时更新网络实验室配置，确保计算机人才能够满足瞬息万变科技发展的需求。

三、优化课程结构，更新教学方法

21世纪已进入信息时代，计算机网络扑面而来。无论是国有企业还是私有企业，无论是政府机关还是学校、医院等单位，计算机网络都已站稳了脚跟。在网络设计与维护过程中，常常会出现许多棘手的新问题，这对直接向社会输送大批计算机网络人才的高校提出了更高的要求。所以，高校要与时俱进，不断优化课程结构，更新教学内容，以满足人才市场的需求，更好地为社会服务。在更新教学内容时，要随时把握科技动态，及时了解新兴技术，科学增加目前比较成熟的实用网络技术，如在课程结构上，增加计算机网络与信息系统集成、网络设备配置、网络管理和安全维护等基本技能教育，使大学生毕业后能在企事业单位从事一线网络技术工作。比如，在教学方法上，采用任务驱动法，化"学"为"用"。这种教学方法不仅使学生获得知识，还能增强了动手实践能力，让学生的探索和创新精神得以展现。采用小组协作法，化"被动"为"主动"。这种教学法既发挥团队优势，又体现了个人的价值，使集体荣誉感增强。采用个案教学法，化"一般"为"特殊"。这种教学法将网络设备搬到课堂上或直接将学生引至实验室，对照实物现场进行讲解，形象逼真、更容易接受。采用互动式教学法，化"单边"为"双边"。这种教学法使师生之间、生生之间相互取长补短，共同提高。

四、创设教学情境，融洽师生关系

愉悦轻松的教学情境能使学生心情激荡，激情豪迈，进而形成积极、乐观、向上的学习意愿。因而，作为教学情境的创设者——教师，应采用多种多样的手段和方法创设教学情境，帮助学生发现问题、阐述问题、组织问题和创造性解决问题。若达到这一目的，教师必须在备课上狠下功夫。也就是说，教师情境创设的材料要精，语言要简洁，画面要逼真，故事要生动，活动要有创造性。只有这样，才能为学生创造主动探究、乐于探究的学习氛围；只有这样，才能鼓励学生思维在广度、深度上自由发挥，让师生在探索和创新的过程中相互取长补短，共同提高，从而实现课堂效益最大化。比如，在教学网站建设内容时，因学生会有上网的经历，教师在教学中不应局限于教材上提供的现成资料，而要去引导学生实现自主上网观察那些优秀网站，通过对比，使学生产生自己检索网络资源、动手实践的冲动。在学习Power Point时，笔者鼓励学生将部分班级同学的照片制成演示文稿，全班同学亲自动手实践美化、完善。鼓励学生使用网络上的动画插件、美图秀秀软件、Flash动画等不断完善自己的演示文稿，以班级为单位发布在校园网上，同学间在互评、互赏的过程中共同进步，达到了事半功倍的效果。

五、收集成功教学案例，充实教学资源库

高职学生生源复杂，接受能力良莠不齐。大多数高职学生文化课基础薄弱，学习态度不够端正，加之计算机网络知识深不可测，有些同学对知识不能当堂消化，尤其是那些实践性很强的学习内容，需要多次学习实践才能弄懂、弄通。所以，高校收集成功的教学案例，建设教学资源库就显得十分必要。资源库里，学生可以寻觅到相关课程的电子教案、案例分析、重难点解析、实验操作演示等多种资源，为学生解决学习中的遇到的问题提供方便，还为学生提供了素材库、试题库等自主学习资源。教学资源库为每一个受教育者提供了公平的学习机会。比如，笔者会在学期初就把本学期的教学内容有选择地做成课件，上传到本学科教学资源平台上，不同学习层次的学生可以根据自己的学习和接受情况，对课程的理解程度进行课前预习和课后巩固。与此同时，有致力于计算机网络研究兴趣和爱好的学生借助教师提供的学习资源，可以拓宽学习内容的广度和深度。可见，通过资源库，学生改变了学习方式，加深了对知识点的把握，也锻炼了学生自学能力。

六、发挥网络平台优势，开展网络自主学习

计算机网络教学是新时期备受青睐的教学模式。一方面教师可以借助网络上的文字、图片、动画、声音等信息丰富的教学资源，传递教学内容，弥补传统教学手段的不足，潜移默化地提升教学艺术。另一方面，学习者可以通过网络精选自己所需的学习资源，获取自己期待的学习内容，开阔视野，提高学习效率。在教学实践中，笔者利用网络开展了形式多样的教学模式，有理论讲授，有实验观察，有产品设计等；也通过网络开展各种有趣的学习活动，丰富学生的课外生活，有在线答疑，有作品展示，有设计大赛等。学生的学习受地域、时间限制越来越小，他们可以根据自己的需要安排时间、确定进度，既可以单独学习，也可以在网上进行小组协作学习。网络学习条件下师生可以利用特定的网络平台，或在线答疑，或离线留言，或通过 E-mail 传递，这种学习方式实现了教学过程的良性互动，既培养了学生独立思考的能力，也鼓励学生质疑、答疑能力。教学实践表明，发挥网络平台的优势，有利于学生自主学习习惯的养成，有助于学生个性的发挥及创造力的培养。

总之，计算机网络的发展水平，标志着一个国家技术发展水平和社会信息化程度。培养合格的行业网络技术人才是高职计算机网络教育的总体目标。在新的形势下，如何科学设置计算机网络课程的教学目标，如何培养学生网络操作能力，提升学生信息化应用水平是一个值得深入研究的课题。

第三节　高校计算机专业教学改革优化

　　计算机的普及和应用，让各大高校都认识到计算机教学的重要性，与时俱进开展相应的教学改革是顺应时代发展的必然趋势，分析优化高校计算机教学的方法，提出计算机教学改革发展的具体途径，以实现我国计算机教学水平质的飞跃。

　　我国步入信息技术时代，计算机相关知识及其应用能力已成为大学生必备的一项技能，高校也在重点培养兼具丰富计算机知识与较强计算机实践能力的专业型人才。目前，很多高校仍沿袭传统教学模式，不能满足新时期大学生学习特点及对计算机知识的需求，应从多途径进行高校计算机教学改革。

一、优化高校计算机教学

（一）做好教材的选取

　　由于学生们的专业不同，故过去千篇一律的教材，已经不能满足当前社会的需求和学生的个性化发展。学校应根据学生专业的不同选择教材，教师在课前做好充分的备课准备，对课堂进行合理的安排，因为对于计算机而言，必须掌握一定的上机时间才能对所学内容进行深入的理解。教师授课结束后，可以让学生进行操作训练，不断熟悉操作内容，教师在教室里要做到流动性，以保证对同学的监督，及时对学生的问题进行解答，课堂时间要得到充分的利用，因为对于学生而言，课后的时间很少会投入到计算机课程内容的练习中。

（二）从被动学习转变为主动学习

　　计算机的考核一直都注重动手操作能力，对学生来说，动手能力比较弱，受限于教育模式，学生并没有真正体会和理解知识，没有全身心地投入到课堂中。因此，激发学生的兴趣爱好，让学生能够自主学习，变被动为主动是关键。如何激发学生的兴趣是一个关键的问题，学生的计算机基础参差不齐，学校可以设计一些计算机方面的比赛，让大家参与其中，提高兴趣，激发学生对计算机的热爱。

（三）教师素质和教学硬件的提升

　　许多地区的教学硬件并不达标，设备陈旧落后，相关的技术人员也不到位，所以导致设备无法充分利用或者设备供不应求，这就需要国家对这些落后地区进行大力扶植。另外，对于计算机教师而言，计算机是不断更新的，教师的素质也需要实时更新提升，要对教师进行定期的培训，紧跟时代的步伐，为学生时刻注入最新鲜的学习元素和应对社会工作场合最实用的学习要素。过去的陈旧思想要丢弃，旧的理念也要进行更新和改进，不论是硬件还是软件都要做到与时俱进。

计算机教学离不开计算机教师的参与，良好的师资队伍是高质量计算机教学的重要保障。高校要着眼于建设一支素质优良、结构合理且相对稳定的计算机教学队伍。在社会发展迅猛、计算机技术日益更新的今天，高校计算机的教学内容也应及时更新完善。第一，高校要加强对年轻骨干型教师的培养，适时为他们提供进修与学习的机会，使计算机教师的计算机知识与时俱进，具备更加专业、科学的知识。这样既可以满足计算机高质量教学效果的要求，又可以在大学生的计算机学习过程中提供专业指导。第二，高校要立足于现有的计算机教学师资队伍，加大对计算机专业人才的引进工作，充实学校计算机教师，做好计算机教师的阶梯式建设，最终达成学校计算机专业高效教师队伍的建设目标。

（四）完善教学内容，优化教学方法

高校计算机教学应顺应时代发展形势，确保计算机教学内容的先进性，这对培养适应社会发展需要的计算机人才具有现实意义。高校要不断更新计算机课程教学内容，加强计算机教学与其他课程教学之间的联系，确保大学生的计算机课程学习与其他课程的学习相互促进。另外，计算机课程的学习相对来说是比较枯燥的，高校应针对学生的具体学习情况实施分层教学，应用多种教学方式方法调动学生学习的热情与积极性。譬如，高校可以将多媒体教学与网络教学相联系，利用网络知识传播的相关功能向学生展示计算机的内涵，开阔学生视野，启发学生思维。此外，高校可以根据实际需要举办计算机方面的讲座，以弥补课堂教学的不足。高校还可以创新计算机课程的考核方式。科学合理的考核对提高教学水平、学习质量起着重要作用。高校可以将日常课堂教学中学生的表现纳入期末考核，也可以为计算机课程教学量身定制一套考核制度，以对学生的学习情况进行全方位的了解与考核。在考核的时候，要多关注学生计算机应用能力的考查，确保计算机应用型人才的培养和输出。

（五）加大硬件投入，更新教学设备

相对于其他学科来说，计算机课程具有较强的实操性。计算机教师要立足于自身计算机理论知识的不断更新，根据学生的实际需求开发项目，为学生提供充足的上机实验机会，以巩固课堂所学知识。实施计算机教学需要一定设备及应用软件的保障，高校应根据自己的现实情况，对计算机教学的设施予以改善。要加强学校计算机教学实验室的建设与投入，满足教师和学生对实验条件的需求。此外，高校在实验室的布置上，还应进行监控程序的设置，避免学生在计算机实验、实操过程中进行与该课程学习无关的活动，方便教师对学生操作进行观察，并依此做出有针对性的指导，提高计算机教学效果。

（六）注重计算机教学档案的作用

计算机教学档案是对计算机教学课程存在与发展的收集、归类、整理与保管保存。计算机教学档案对后续的计算机教学管理工作意义重大，是计算机教学管理与改革中必不可

少的内容与环节。第一，计算机教学档案可供计算机教学管理提供查询与使用功能，不因他人的主观愿望而改变。第二，计算机档案可以为计算机教学提供可靠的依据与利用价值。参考先前的教学内容，计算机教室可以对当前的计算机教学进行改善，以切实提高教学质量。第三，定期对计算机教学资料进行分类、管理，及时发现计算机教学管理中存在的问题，有针对性地提高计算机教学质量。

二、计算机教学改革发展途径

（一）教学方法的改进

陈旧的教学思想应该改变，应注重以人为本的教学理念，培养符合时代发展需要的新型人才。教师应摒弃过去死板和严肃的教学方式，让课堂氛围活跃起来，拉近同学和教师之间的距离。以理解教学为基准，不再死记硬背，重实践，在课堂中和课堂外都要为学生提供实践操作的机会。

（二）兴趣的引领

每个家庭都有计算机，学生从小就使用计算机，但每个人对计算机的认知程度不同，兴趣也就不相同。有的学生喜欢玩游戏，而有的学生只喜欢看视频、听歌，这都是计算机的部分功能。计算机课题要求学生掌握更多的技能，需要学生思索、积极进取，在教师的引领下，使学生对计算机产生兴趣，这样课堂效果才会更好。

（三）教学氛围

探究式教学是在建构主义理论指导下的一种新型教学模式，让学生对计算机的重要性有了明确的认知之后，大大提高其自主学习能力，学校建立良好的校园风气，学生的学习风气也会有很大改观。良好的教学氛围和教学方法对于学生具有重要的作用，因为学生的自律性较差，所以对于环境的要求就特别高，建立良好的教学氛围，可加强学生的自律性，在教学中引用探究式教学也可激发学生探索问题的兴趣，形成独立自主学习的氛围。

第四节　微时代高校计算机专业教学发展

随着社会的进步，科学技术的发展已经深刻影响到时代发展的进程，社会信息化程度不断提升。信息化时代背景下，企业对人才的要求越来越高，尤其是针对人才计算机技能以及信息素养的要求越来越高，这就使得高校教育教学必须重视计算机课程教学的质量，特别是在当前微时代的背景下，高校计算机教学想要实现高质量教学，为社会输送源源不断的高素质的信息化素养人才，就必须实现计算机教学的创新与发展。

所谓的微时代，就是指当前以微云、微博、微信等传播媒介为代表的信息通信，用户能够以此为平台进行自身情绪的表达，特别是随着我国信息技术的不断发展，各种各样的微事物丰富了人们的社会生活，如微小说、微电影等，这些新兴事物的不断出现，在很大程度上增加了用户获取信息的途径。在这一现实背景下，高校计算机教学也需要不断地进行创新发展，以培养出能够适应社会发展的计算机人才。但就目前而言，部分高校计算机课程教学的效果并不理想，如一些高校的计算机教学设备依然使用老旧的计算机设备，限制了教学质量和教学效率的提升；部分高校的课程安排不合理以及为根据学生专业制定不同的课程内容等，既无法满足学生的学习需求，更不能取得良好的教学效果。

一、微时代下高校计算机课程教学存在的问题分析

首先，就是计算机设备的落后。强化和丰富学生的计算机理论知识，是高校开展计算机课程教学的根本目的，但从当前的计算机教学的现状来看，老旧的计算机设备是限制高校计算机课程教学质量提高的一大阻力；其次，计算机课程安排的不合理性，是限制学生学习兴趣提升，积极性调动的重要因素。高校阶段的大学生有着专业选择上的差异性，不同的专业要求下对学生计算机技能掌握的要求不同，侧重点不一样，故在计算机教学过程中，除了基础部分教学以外，结合不同专业侧重不同的计算机课程内容和技能也是高校教学必须重视的问题。但是现实当中，高校计算机教学课程安排十分不合理，对于计算机专业的学生而言，高校统一安排的计算机教学课程则过于简单，无法满足其想要学习到更专业课程内容的需求；而对于非计算机专业的学生而言，高校制定的计算机课程教学则显得比较困难，和自身专业的关联度不高，以打击其计算机学习积极性。然而在微时代下以及当前的社会发展需求背景下，高校计算机教学必须保证学生能够掌握更多的计算机理论知识和先进的技术，高校计算机课程内容的调整就显得十分重要。然而现实情况下的未调整，不仅浪费了学生的学习时间，还影响了学生的学成效；最后，部分高校计算机教师的教育观念较为陈旧。虽然在新时代下，但是依然存在部分教师依然沿用传统的教学方式，仅注重理论教学，完全忽视了实践教学，学生只能被动地接受学习；或者由教师进行全局的控制操作，学生缺乏实际动手的机会，最终导致学生学习积极性降低，不利于学生的全面发展。

二、微时代下高校计算机教学的创新与发展

（一）积极改变教学方式，实现教学方式的多元化

计算机教学的重要性不言而喻，作为教师在当前教育改革的背景下，必须要重视自身教学方式、方法的多元化和创新性，以此带给学生不同的感受，为学生提供良好的学习环境，激发其学习积极性。首先，高校要充分意识到计算机课程教学的重要性，在计算机教学设备方面不断增加资金投入，更换相关的计算机设备，紧跟时代发展的步伐，保证学生

学习环境的良性，与时俱进；其次，作为教师必须要加强对计算机教学的重视，尤其是要改变其传统的教育教学观念，实现教学观念和方式方法上的创新，并且借助先进的教学手段进行辅助教学，例如开展微课程教学，上传与计算机相关的最新资讯以及教学视频，激发学生的学习兴趣，提高其参与热情；最后，教师可以借助微时代多元化代表性的通信工具、软件等，比如微信、微博、QQ等社交软件，与学生构建良好的师生关系，实现与学生之间教育资源的共享，以此来提高学生的自主学习能力，强化学生解决实际问题的能力，促进其综合素质的发展。

（二）提高课程比重，保证计算机课程安排的合理性

首先，教师要结合专业需求，为学生设置安排合理的计算机课程教学内容，计算机专业和非计算机专业的学生进行分开安排。另外，还需要重视学生对计算机学习兴趣的培养，故高校可以提高计算机课程的比重。同时，为了满足学生的实际需求，高校应结合微时代的特点，对计算机课程的教学内容进行合理安排，帮助学生能够掌握更多的计算机知识。

另外，针对教学内容要把进行合理的安排。首先，高校计算机教师教学要做好课前的准备，制订科学的教学方案，合理安排课堂时间，尤其是能够让学生拥有更多的课余时间去学习微课内容和实践练习。其次，重视自主合作探究教学模式的开展，合理分配学生小组成员，引导学生选择感兴趣的项目进行研究和学习，而教师需要加强自身的指导作用，通过观察，以参与者的身份参与学生的讨论，但注意不可过度干预，要适当点拨，以引导为主。最后，教师应根据学生的实际学习情况自行设计一些问题，这些问题可以是突发性的，以此来考查学生的应变能力。

（三）教育观念的革新

要想取得良好的高校计算机教学效果，就需要有关教师加强教育观念的革新，尤其在微时代的背景下，更需要具有"微理念"，在教师的角色以及师生的关系等方面都要进行详细的思考。而且教师也需要顺应微时代发展的要求，不断优化传统教学模式，创新教育观念，积极地开展"微教育"工作，使得高校计算机教学活动的开展更具有特色。同时，教师也要积极发挥引导的作用，要突破以往授课方式的局限，不仅要作为讲授者存在，也要变为引导者，引导学生们发现问题、解决问题，加强各种思维的锻炼与培养。再者，也要懂得利用先进的教育技术手段，合理地进行因材施教，加强学生之间以及师生之间的沟通，更好的推进当代计算机教学工作的开展。

（四）教学内容的革新

当然，要想加强计算机教学方面的创新，不但要注意教育观念上的革新，还要求有关教育工作者能够注重加强内容方面的革新。计算机教育事业是在不断发展进步的，教学的内容也应该是不断更新的，不能一成不变，只有这样才能更为契合微时代的发展。为此，在进行授课的过程中，就要注重新教材的合理选择。其次，对于教学内容的选择上，既要

考虑计算机发展的现状及特点，也要满足社会的实际需要，还要结合学生的专业背景，注重教学内容的与时俱进，确保其实用性、新颖性与趣味性。

（五）教学模式的革新

微时代数字技术、网络通信、媒体平台的迅猛发展，并与各种教育技术相结合，为开展教学活动提供了广阔的天地。针对目前高校大学生参差不齐的计算机知识水平，不同层次的学生对计算机基础知识的学习需求不同，可以采用分层次、立体化的教学模式。先通过一定的筛选方法，确定出不同需求层次的学生，再有针对性地对不同需求层次的学生制定不同的教学目标与教学要求，设计不同的教学内容，通过采用合理有效的教学方式，适当变换授课方式，使学生可以各取所需，从而达到计算机基础教育的最终目标。此外，通过对微技术的有效利用，也可以让教学活动从课内扩展到课外，从线下延伸到线上。

（六）考评体系的革新

教学评价体系是对整个教学环节的监督与评价，也是对学生学习效果的检测与评估。微时代背景下的教学考评模式，应该将形成性评价与终结性评价相结合，更加注重对于学习过程的考核。在网络教学平台上，教师设计并提供多层次及难易程度不同的操作练习，学生可以根据自己实际水平进行相应选择，通过练习检测自己对各模块知识点的掌握情况。在考评内容上，教师不仅要看重学生对于计算机理论知识的掌握及基本操作的熟练度，更应该看重学生对于计算机新知识的接受理解能力以及使用能力。

随着时代的不断向前发展，各个领域都获得了较大的发展，我国高校计算机教育在其时代发展的潮流中就取得了一定的进步，但是随着微时代的到来，正面临着严峻的考验。在微时代的背景下，一些微软件得以诞生并应用，微信、微博以及微课程等事物的兴起为人们叩响了新世界的大门，人们在新世界中得以畅游与发展，同时对于各个领域的发展也产生了冲击。在高校计算机教学中，就可以融入这种多种信息技术，开展微教育课程，以加强改革创新，从而更好地促进我国教育事业的发展。

总之，计算机在当前的社会发展中有着不容替代的作用，高校针对计算机教学必须加以足够的重视，重视理论与实践的联系，为学生提供良好的学习环境，激发其学习兴趣，合理安排课程教学内容，以帮助学生更好地掌握计算机基础知识和技能，促进其全面发展，为其日后工作以及生活中计算机操作提升和应用奠定坚实的基础，提高其社会竞争力。

第五节　高校计算机专业实验教学现状及发展

计算机教学是高校教学中的一个重要内容，但并不是所有的高校都能意识到这一问题。就目前来说，我国高校计算机实验教学的情况不是很乐观，要创建活力向上的高校计算机实验教学，就必须将其引入 21 世纪发展的大环境中来。本节通过对高校计算机教学的调查研究，简述现代高校计算机实验教学的不足以及现状，并提出相应的改进方法。

随着技术的进步和科学社会的发展，计算机实验教学已经作为一种常见的辅助教学手段贯穿于高校的教学之中，计算机实验教学因其良好的可操作性，实验结果可以快速准确确认，具有非常强的实践性，非常符合现代社会要求培养实践复合型应用人才的要求。目前，许多高校都设有计算机专业，可是由于其设立时间短，经验不足，无法应对现代社会激烈的竞争环境和就业市场。本节就如何改善这一问题，就高校计算机实验教学进行了研究和分析。

一、高校计算机实验教学的现状和不足

（一）高校对计算机实验教学认识的深度不够

一直以来，受传统的教学模式和思路的影响，大部分高校的领导及老师对计算机实验教学的认识不足，"重理论轻实践"的思想还根深蒂固。传统的教育方式在我国的教育史上作出了很大的贡献，但是时代的发展使这个传统的模式不再符合现代的潮流，面临着许多挑战。正是因为这种思想的存在，高校计算机实验教学还处于理论教育为主的阶段，即使有实验也是以验证性的试验为主，探索创新性试验为辅的教学模式。与此同时，很大一部分高校没有完善的计算机实验教学的设施与场地以及没有完善的考查方法，无法对学生的学习成果进行检验，学生理论强、实践能力弱，高校计算机实验教学还有很长的路要走。

（二）计算机实验教学方式落后

计算机试验因其本身的特点具有其特殊性，并且多数课程会受硬件设备的制约和影响，故在目前的计算机实验教学中，大多数高校还是教师讲授，学生模仿的教学方式，其次传统的实验模式对仪器的依赖性较强，教学中都有固定的实验模板，每次实验的内容和形式几乎一样，且多年不变，这一固定的内容对学生并没有吸引力，对提高学生学习兴趣，发挥学生的主观能动性没有任何作用，反而会束缚学生的创新意识，老师在讲授过程中面对所有学生，此过程中无法保障所有学生理解实验过程，试验具有一定的盲目性，也影响了教学实验效果。

（三）不可因材施教

就我国高校现有的教学方式来看，大部分高校还是用统一的教材，教师在课堂上统一讲授，学生统一进行实验操作。学校的计算机实验教学还是面对全部学生，教学目标优先考虑多数群体和多数专业，没有针对性。而学生因生活环境和知识储备对计算机实验教学的接受能力不同，计算机水平有所差异，面对教师所教授的内容或方法无法统一全部接受。在这一过程中容易导致部分学生产生厌学情绪，丧失对计算机领域学习的兴趣和信心，不利于计算机实验教学在高校的全面展开。

（四）高校计算机教师力量薄弱

因为高校计算机实验教学开设的时间短，专业人才储备不足，导致高校师资力量相对薄弱，同时高校教师的专业技能不强，以其自身的能力无法对学生进行有效的专业指导，相对应的教学方式和手段也比较落后，对新设备的理解能力和使用能力不够。这一切都会导致高校计算机实验教学无法高效进行。

（五）网络实验成果验收困难

高校会设置网络教学平台，提供网络实验设施，但是整体来说开设的网络教学课程较少，老师开设网络课程会打乱原有的课程设置。其次，网络实验课程的开展教师无法实时监控网络，对学生的实验效果无法掌控，导致教师对课堂实验成果无法进行验收，这一缺点会使部分学生缺乏管理意识，实验完成质量下降，而且网络平台上可以查到实验需要的网络资源，学生可以利用这一资源应对教学任务，这一行为使学生丧失了主观能动性，主动学习能力下降，这一现象急需我们改正。

二、改善高校计算机实验教学的方式

（一）高校对计算机实验教学认识的改变

想要发展高校计算机实验，首先高校必须改变原有对计算机实验的认识，在改变这一错误认识的前提下才可能做到对计算机实验教学的重视，认识到计算机试验的重要性，找到自己的不足，针对高校自身的缺陷进行改革，加大对计算试验领域人才的培养力度，明确改革方向。同时在计算机实验教学中，要不断丰富课堂的教学内容，优化教学方式，根据计算机应用的实际特点增加实验学习的内容，发展与时俱进的教学模式。

（二）以学生为主体，着力培养创新型人才

学生是高校计算机课程所面对的主要群体，一切教学都是为了培养学生。鉴于各高校的实际情况不同，因此高校应该建立一套符合自身发展特点的开放式的创新型课堂管理模式，强调课程制度化教学，用制度规范和管理计算机实验的顺利进行，提高实验设施、场地的利用效率。开放实验室，把主动权交还给学生，尽量多给学生一些时间，让他们在活跃的课堂气氛下多讨论，多发问，多动手，充分发挥学生在计算机实验课程中的主观能动性，提高学生在该领域的学习热情和创新能力。

（三）培养老教师，发掘新教师

对学校原有的专业老师进行技术能力的再培养，学校原有的教师具有一定的专业知识和能力，但同时其受传统教学思想的制约比较严重，无法完全适应现代高校计算机实验教学的任务，一定程度上限制了高校学生的专业发展。因此要对老师进行培养，提高其专业素养，而且此方法比较简单高效。在重新培养老教师的同时，也要注重挖掘新的专业教师，

不断充实和扩大教师管理队伍，新老师接受新鲜事物能力较强，与学生年龄相仿，容易和学生融合在一起，提高学生对计算机实验的认可程度。无论是哪种一方法我们都必须要坚持以内部培养为主，外部引进为辅的培养方式，最终建立一个以高素质专业人才为主的教师团队，使高校计算机实验课程更加规范化、合理化。

（四）培养学生兴趣，因材施教

兴趣是最好的老师，一切课程都要以学生感兴趣为目标。因此，我们要改变固有的教学模式，改变应试教育下的教学模式，独立开展计算机教学和实验，把课堂交给学生，充分活跃课堂氛围，激发学生兴趣，教学过程中教师要利用一切手段来调动学生的积极性，加强学生对计算机教学的认可。此外，因学生来自的地区不同，生活条件不同，故对计算机实验的接受程度和学习能力也不同，教师要根据不同的学生采取相应的教学方式，对基础较差的学生进行鼓励，提高他们的学习热情。

（五）开启针对性的实验课堂，着力打造立体课堂教学

计算机的教学面对的是普通人群，不同的专业，故我们要根据不同的专业开设相应的实验课程，把实验课程进行优化组合。在教学的过程中要充分发挥现代多媒体技术的作用，在实验过程中进行模拟演示，使学生在学习的同时感受实验效果，把枯燥的理论教学应用到生活中，使学习更加具体化、形象化。设置实际的实验，让学生参与到实验中，提高学生发现问题、解决问题的能力。

（六）加强校企的共建，优势互补，协同共进

校企共建加强了校企合作，在此过程中可以增加学生的实训项目，提高实训力度，拓展实训能力。校企联合，充分利用企业的资源优势为学校的实验教学提供必要的支持，企业可以为计算机实验教学提供资金、场地和其他必要的支持，高校的计算机人才储备的增加也为企业注入新的发展力量，为企业发展提供技术的支持，增加企业竞争力，为企业日后发展助力，双方的密切合作同时也使计算机实验教学、科研技术的开发应用与企业密切结合，优势互补，有利于企业的发展和高校计算机实验课程教学水平的提高，学生实践能力增强，为学生日后的就业打下了坚实的基础。

总而言之，近年来随着我国经济不断发展以及科学不断进步，计算机不断普及，通过研究表明计算机实验教学在高校的学习中占有重要地位，我们必须加强对计算机实验课程重要程度的认识，加大对计算机专业人才的培养力度。但是由于我国计算机的兴起较晚，其发展还存在着许多缺陷，我国许多高校对计算机实验这一课程的认识不够，重视程度不够，高校计算机教学的现状不容乐观。

第六节 高校计算机专业应用型人才培养未来发展

如何改革高校计算机基础教学思想、内容以及方式是 21 新世纪以来我国关注的一个重要问题，需要教育部门及个人引起高度重视。本节主要围绕"我国高校计算机基础教学的今后发展"这一主题进行探析，并提出一些建设性意见，为提高高校计算机基础教学效率以及质量贡献微薄之力。

众所周知，随着我国社会市场主义经济的高速发展，我国的教育事业得到质的飞跃，逐渐完成了由量变到质变的转化，高校计算机基础教学取得一定成效。随着时间的推移，我国计算机信息技术迅猛发展，深化落实相关的教学改革工作，促使高校计算机基础教学今后的发展趋势逐渐趋于多元化、专业化以及测评规范化，其发展前景一片光明。

一、我国高校计算机专业人才培养的多元化趋势

笔者通过查询相关资料发现，我国大多数高校在进行计算机基础教学的过程中，教学思想均为"基本统一"（各种学校以及各个专业在教学的过程中，采取统一的教学内容以及教学方式，教学目标基本相同），进而没有明确"因材施教"的重要性，计算机基础教学方式过于单一化。据调查可知，在 20 世纪的时候，我国本科院校、专科院校、研究型院校以及教学型院校等各种学校都遵循"基本统一"的教学思想，导致计算机基础教学效率停滞不前，教学质量不尽如人意。随着时间的推移，我国部分高校摒弃了传统的教学思想以及教学方式，注重学生学习的主体地位，强调发挥学生的主观能动性，创新多种多样的计算机基础教学方式，呈现多元化趋势，逐渐形成了一种"百家争鸣、百花齐放"的局面。正所谓"纸上得来终觉浅，绝知此事要躬行"，目前我国多数教师在进行高校计算机基础教学的时候，将理论教学与实践教学有效结合，并且灵活运用案例教学方式，集中学生注意力，激发学生学习兴趣。

据调查可知，当前我国各种学校在进行计算机基础教学的时候，已经摒弃传统的"基本统一"教学思想，结合学生的实际情况展开教学。对于计算机水平测试而言，教学型院校以及研究型院校开始不参与相关的等级考试，而部分高校则把计算机等级考试的成绩作为评判学生的标准。对于计算机教材而言，部分高校运用教育部编制的计算机教材，部分高校则运用自编的计算机教材等。显而易见，随着时代的更迭，我国高校计算机基础教学在今后发展中逐渐趋于多元化，其多元化体现在多个方面，包括教学方式、教学内容以及教学重点等。

二、我国高校计算机基础教学的专业化趋势

据调查可知，我国高校计算机基础教学与专业在不断融合，从而促使高校计算机基础教学的发展趋势趋于专业化。高校计算机基础教学与专业的融合形式丰富多样，表现形式非常多，主要表现为内容与专业相互融合。正所谓"追根溯源"，我国高校计算机基础教学专业化趋势日趋明显是有其原因的，笔者通过查询相关资料以及结合自身多年的工作经验，提出以下见解：第一，随着我国国民经济高速发展，我国计算机信息技术迅猛发展，促使各专业内容与信息技术有机结合，进而提高各个专业内容的科研水平，导致部分专业学科的教学离不开计算机信息技术。第二，现阶段，我国复合型创新人才日趋增多，这些教师不仅具有扎实的专业学科知识基础，还精通各种计算机技术。随着时间的推移，我国高校各个专业涌现出许多高学历学生，其在学习过程中拓展自身的计算机思维，具有较强的应用能力，为我国提供大量的计算机复合型创新人才，促使我国高校计算机基础教学在今后发展中能够趋于专业化。

三、我国高校计算机基础教学的测评规范化趋势

笔者通过查询相关资料发现，我国高校计算机基础教学在今后的发展中，其计算机水平测评逐渐趋于规范化。现阶段，我国的计算机等级考试具有一定程度上的问题，需要有关部门及个人引起高度重视，明确存在的问题，掌握"千磨万击还坚劲，任尔东西南北风"的真谛，做到具体问题具体分析，采取有效措施进行改善。多数专家认为，我们应该淡化计算机等级考试，创新新型的计算机水平测评体系，保障新型的测评体系能够适用于计算机教师与学生，能够有效提高高校计算机基础教学效率以及质量。显而易见，我国计算机等级考试在一定程度上具有积极意义，但随着时代的不断发展，等级考试逐渐与时代脱轨，没有顺应时代潮流。基于此，我们应该紧跟时代发展的步伐，规范计算机水平测评至关重要，势在必行。进入 21 世纪以来，现代化先进的 IT 技术涉及的领域越来越广，其应用频率逐渐增高，社会各界人士逐渐认识到计算机技术的重要性，我国各所高校将计算机作为一门必修课程。由此可见，我们应该逐渐摒弃计算机等级考试这一传统的测评体系，紧扣当代学生的学习需求，创新新型的计算机水平测评体系。笔者认为，我们应该从以下几个角度出发：第一，确定一个科学化、合理化的指导思想，尊重学生的意愿，不能够强迫学生被动参与测评活动；第二，计算机水平测评的具体内容一定要精心筛选，保障测评内容足够科学化、合理化以及规范化。除此之外，要求计算机水平测评内容应该是多方面的，主要包含以下几个方面：测评学生计算机知识掌握情况，测评学生应用计算机能力高低，测评学生解决计算机问题能力的高低，测评高校计算机基础教学效率以及质量，测评高校计算机基础教学实验条件好坏以及测评与专业学科融合程度等。在新形势下，我们应该创

新计算机水平测评方式，比如举办具有新意的计算机竞赛活动，这样做的主要目的是让学生在参与活动中体现出自身的独创性，并且能够培养学生的竞争意识以及合作意识，促使学生在潜移默化中提高自身的计算机应用能力，拓展自身的计算机思维。此外，开展此类创新型计算机竞赛活动，相当于给学生提供一个展示平台，能够促使学生在活动中获取自我满足感，有效提高学生学习计算机的自信心，激发学生学习计算机的兴趣，在一定程度上提高我国高校计算机基础教学的时效性。

综上所述，随着我国国民经济的快速发展，我国计算机信息技术也在不断发展，在这样的社会背景下，我国高校计算机基础教育逐渐越过转折点，得到质的飞跃。为了顺应时代发展潮流，各高校在进行计算机基础教学的过程中，应该摒弃传统的教学思想、教学内容以及教学方式，紧扣时代发展需求，创新计算机基础教学思想、培训内容以及教学方式，进而提高学生的计算机能力，提高计算机基础教学效率以及质量，为我国奠定复合型计算机人才基础。随着时间的推移，我国高校计算机基础教学的发展趋势逐渐趋于多元化、专业化以及测评规范化。

第五章　基于课程改革的计算机专业应用型人才培养体系建设

计算机专业相对于冶金、化工、机械、数理等传统专业来说是一个比较新的专业，也是目前社会需求比较大的一个专业。但由于知识结构不完全稳定、专业内容变化快、新的理论和技术不断涌现等原因，使得本专业具有十分独特的一面：知识更新快，动手能力强。也许正因为如此，本专业的学生在经过三年的学习后，有一部分知识在毕业时就会显得有些过时，从而导致学生难以快速适应社会的要求，难以满足用人单位的需要。

目前，从清华、北大等一流大学到一般的地方工科院校，几乎都开设了计算机专业，甚至只要是一所学校，不管什么层次，都设有计算机类的专业。由于各校的师资力量、办学水平和能力差别很大，因此培养出来的学生的规格档次自然也不一样。但纵观我国各高校计算机专业的教学计划和教学内容不难发现，几乎所有高校的教学体系、教学内容和培养目标都差不多，这显然是不合理的，各个学校应针对自身的办学水平进行目标定位和制订相应的教学计划、确定教学体系和教学内容并形成自己的特色。

高校作为培养应用型人才的主要阵地，其人才培养应走出传统的精英教育办学理念和学术型人才培养模式，积极开拓应用型教育，培养面向地方、服务基层的应用型创新人才。计算机专业并非要求知识的全面系统，而是要求理论知识与实践能力的最佳结合，根据经济社会的发展需要，培养大批能够熟练运用知识、解决生产实际问题、适应社会多样化需求的应用型创新人才。基于此，根据高校的办学特点，结合社会人才需求的状况，一些高校对计算机专业的人才培养进行了重新定位，并调整培养目标、课程体系和教学内容，以培养出适应市场需求的应用型技术人才。

第一节　人才培养模式与培养方案改革

随着我国市场经济的不断完善和科技文化的快速发展，社会各行各业需要大批不同规格和层次的人才。高等教育教学改革的根本目的是"为了提高人才培养的质量，提高人才培养质量的核心就是在遵循教育规律的前提下，改革人才培养模式，使人才培养方案和培养途径更好地与人才培养目标及培养规格相协调，更好地适应社会的需要"。

所谓人才培养模式，就是造就人才的组织结构样式和特殊的运行方式。人才培养模式包括人才培养目标、教学制度、课程结构和课程内容、教学方法和教学组织形式、校园文化等诸多要素。人才培养没有统一的模式。就大学组织来说，不同的大学，其人才培养模式具有不同的特点和运行方式。市场经济的发展要求高等教育能培养更多的应用型人才。所谓应用型人才是指能将专业知识和技能应用于所从事的专业社会实践的一种专门的人才类型，是熟练掌握社会生产或社会活动一线的基础知识和基本技能，主要是从事一线生产的技术或专业人才。

应用型人才培养模式的具体内涵是随着高等教育的发展而不断发展的，"应用型人才培养模式是以能力为中心，以培养技术应用型专门人才为目标的"。应用型人才培养模式是根据社会、经济和科技发展的需要，在一定的教育思想指导下，人才培养目标、制度、过程等要素特定的多样化组合方式。

从教育理念上讲，应用型人才培养应强调以知识为基础，以能力为重点，知识能力素质协调发展。具体培养目标应强调学生综合素质和专业核心能力的培养。在专业方向、课程设置、教学内容、教学方法等方面都应以知识的应用为重点，具体体现在人才培养方案的制订上。

人才培养方案是高等学校人才培养规格的总体设计，是开展教育教学活动的重要依据。随着社会对人才需要的多元化，高等学校培养何种类型与规格的学生，他们应该具备什么样的素质和能力，主要依赖于所制订的培养方案，并通过教师与学生的共同实践来完成。随着高等教育教学改革的不断深入，人才培养的方法、途径、过程都在悄然变化，各校结合市场需要规格的变化，都在不断调整培养目标和培养方案。

传统的、单一的计算机科学与技术专业厚基础、宽口径教学模式，实际上只适合于精英式教育，与现代多规格人才需求是不相适应的。随着信息化社会的发展，市场对计算机专业毕业生的能力素质需求是具体的、综合的、全面的，用人单位更需要的是与人交流沟通能力（做人）、实践动手能力（做事）、创新思维及再学习能力（做学问）。同时，以创新为生命的 IT 业，可能比所有其他行业对员工的要求更需要创新、更需要会学习。IT 技术的迅猛发展，不可能以单一技术"走遍江湖"，只有与时俱进，随时更新自己的知识，才能有竞争力，才能有发展前途。

计算机专业应用型人才培养定位于在生产一线从事计算机应用系统的设计、开发、检测、技术指导、经营管理的工程技术型和工程管理型人才。这就需要学生具备基本的专业知识，能解决专业一般问题的技术能力，具有沟通协作和创新意识的素养。

为适应市场需求，达到培养目标，某高校提出人才培养方案优化思路：以更新教学理念为先导，以培养学生获取知识、解决问题的能力为核心，以优化教学内容、整合课程体系为关键，以课程教学组织方式改革为手段，以多元化、增量式学习评价为保障，以学生知识、能力、素质和谐发展并成为社会需要的合格人才为目的。

基于以上优化思路，在有企业人士参与评审、共建的基础上，某高校从几个方面对计算机专业的人才培养方案进行了改革。

一、科学构建专业课程体系

从社会对计算机专业人才规格的需求入手，重新进行专业定位、划分模块、课程设置；从全局出发，采取自上而下、逐层依托的原则，设置选修课程、模块课程体系、专业基础课程，确保课程结构的合理支撑；整合课程数，或去冗补缺，或合并取精，优化教学内容，保证内容的先进性与实用性；合理安排课时与学分，充分体现课内与课外、理论与实践、学期与假期、校内与校外学习的有机融合，使学生获得自主学习、创新思维、个性素质等协调发展的机会。

（一）设置了与人才规格需求相适应的、较宽泛的选修课程平台

有的大量选修课程，提供了与市场接轨的训练平台，为学生具备多种工作岗位的素质要求打下基础。如软件外包、行业沟通技巧计算机新技术专题等。

（二）设置了人才需求相对集中的5个专业方向

①软件开发技术（C/C++方向）；②软件开发技术（JAVA方向）；③嵌入式方向；④软件测试方向；⑤数字媒体方向。每一方向有7门课程，自成体系，方向分流由原来的3年级开始，提前到2年级下学期，以增强学生的专业意识，提高专业能力。

（三）更新了专业基础课程平台

去冗取精，适当减少了线性代数、概率与数理统计等数学课程的学分，要求教学内容与专业后续所需相符合；精简了公共专业基础课程平台，将部分与方向结合紧密的基础课程放入了专业方向课程之中，如电子技术基础放入了嵌入式技术模块；增加了程序设计能力培养的课程群学分，如程序设计基础、数据结构、面向对象程序设计等。从学分与学时上减少了课堂教学时间，增大了课外自主探索与学习时间，以便更好地促进学生自主学习、合作讨论和创新锻炼。

二、优化整合实践课程体系，以培养学生专业核心能力为主线

根据当地发展对计算机专业学生能力的需求来设计实践类课程。为了更好地培养学生专业基本技能、专业实用能力及综合应用素质，在原有的实践课程体系基础上，除了加大独立实训和课程设计外，上机或实验比例大大增加，仅独立实践的时间就达到46周，加上课程内的实验，整个计划的实践教学比例高达45%左右。而且在实践环节中强调以综合性、设计性、工程性、复合性的项目化训练为主体内容。

三、重新规划素质拓展课程体系

素质拓展体系是实践课程体系的课外扩充,目的是培养学生参与意识、创新能力和竞争水平。在原有的社会实践、就业指导基础上,结合专业特点,设计了依托学科竞赛和专业水平证书认证的各种兴趣小组和训练班,如全国软件设计大赛训练班、动漫设计兴趣小组、多媒体设计兴趣班、软件项目研发训练梯队等,为学生能够参与各种学科竞赛、获取专业水平认证、软件项目开发等提供平台,为学生专业技术水平拓展、团队合作能力训练、创新素质培养提供了机会。

四、加强培养方案的实施与保障

人才培养方案制订后,如何实施是关键。为了保证培养方案的有效实施,要加强以下几方面的保障。

(一)加强师资队伍建设

培养高素质应用型人才,首先需要高素养、"双师型"的师资队伍。教师不仅能传授知识,能因材施教,教书育人,而且要具有较强的工程实践能力,通过参加科研项目、工程项目,以提高教育教学能力。为此,学校、学院制订了一系列的科研与教学管理规章制度和奖励政策,积极组建学科团队、教学团队及项目组,加强教师之间的合作,激励其深入学科研究、加强教学改革。

(二)注重课程及课程群建设的研究

课程建设是教学计划实施的基本单元,主要包括课程内容研究、实验实践项目探讨、课程网站及资源库建设、教材建设等。目前,基于区、校级精品课程与重点课程的建设,已经对计算机导论、程序设计基础、数据结构、数据库技术、软件工程等基础课程实施研究,以课程或课程群为单位,积极开展研究研讨活动,形成了有实效、实用的教学内容、实验和实践项目,建设了配套资源库和课程网站,开发多种版本的教材,包括有区级重点建设教材和国家"十四五"规划教材。下一步由基础课程向专业课程推进,促进专业所有相关课程或课程群的建设研究。

(三)改革教学组织形式与教学方法

传统的以课堂为教学阵地,以教师为教学主体的教学组织形式,不适合信息时代的教育规律。课堂时间是短暂的,教师个人的知识是有限的,要想掌握蕴涵大量学科知识的信息技术,只有学习者积极参与学习过程,养成自主获取知识的良好习惯,通过小组合作讨论发现问题、解决问题、提高能力,即合作性学习模式。本专业目前已经在计算机导论、软件工程等所有专业基础课、核心课中实施了合作式的教学组织形式,师生们转变了教学理念，积极参与教学过程，多方互动，教学相长，所取得的经验正逐步推广到专业其他课程中去。

（四）加强实践教学，进一步深化项目化工程训练

除了必备的基本理论课以外，所有专业课程都有配套实验，而且每门实验必须有综合性实验内容。结合课程实验、课程设计、综合实训、毕业实习、毕业设计等，形成了基于能力培养的有效的实践课程体系。依托当地新世纪教育教学改革项目的建设，大部分实践课程实施了项目化管理，引入了实际工程项目为内容，严格按照项目流程运作和管理，学生不仅将自己的专业知识应用到实际生活中，得到了真实岗位角色的训练，团队合作、与用户沟通的真实体验，而且收获了劳动成果。

（五）构建多元化评价机制

基于合作性学习模式的评价机制，是多元评价主体之间积极的相互依赖、面对面的促进性互动、个体责任、小组技能的有机结合。具体体现在学生自我评价、小组内部评价、教师团队评价、项目用户评价等，注重参与性、过程性，具有增量式、成长性，是因材施教、素质教育的保障。这种评价方式已经在本专业所有项目化训练的实践课程中、在基于合作式学习课程中实施。学生反馈信息表明，这种评价比传统的、单一的知识性评价更科学合理，他们不仅没有了应付性的投机取巧心理，而且对学习有兴趣、主动参与，学习能力和综合素质自然就提高了。这种评价机制正逐步在所有课程中推广应用。

第二节　计算机专业课程体系设置与改革

一、课程体系的设置

课程体系设置得科学与否，决定着人才培养目标能否实现。如何根据经济社会发展和人才市场对各专业人才的真实要求，科学合理地调整各专业的课程设置和教学内容，建构一个新型的课程体系，一直是我们努力探索、积极实践的核心。各高校计算机专业将课程体系的基本取向定位为强化学生应用能力的培养和训练。某高等院校借鉴国内外名校和兄弟院校课程体系的优点，重新设计计算机专业的课程体系。

本专业的课程设置体现了能力本位的思想，体现了以职业素养为核心的全面素质教育培养，并贯穿于教育教学的全过程。教学体系充分反映职业岗位资格要求，以应用为主旨和特征构建教学内容和课程体系；基础理论教学以应用为目的，以"必须、够用"为度，加大实践教学的力度，使全部专业课程的实验课时数达到该课程总时数的30%以上；专

业课程教学加强针对性和实用性，教学内容组织与安排融知识传授、能力培养、素质教育于一体，针对专业培养目标，进行必要的课程整合。

（一）遵循 CCSE 规范要求按照初级课程、中级课程和高级课程部署核心课程

①初级课程解决系统平台认知、程序设计、问题求解、软件工程基础方法、职业社会、交流组织等教学要求，由计算机学科导论、高级语言程序设计、面向对象程序设计、软件工程导论、离散数学、数据结构与算法等 6 门课程组成。②中级课程解决计算机系统问题，由计算机组成原理与系统结构、操作系统、计算机网络、数据库系统等 4 门课程组成。③高级课程解决软件工程的高级应用问题，由软件改造、软件系统设计与体系结构、软件需求工程、软件测试与质量、软件过程与管理、人机交互的软件工程方法、统计与经验方法等内容组成。

（二）覆盖全软件工程生命周期

①在初级课程阶段，把软件工程基础方法与程序设计相结合，体现软件工程思想指导下的个体和小组级软件设计与实施。②在高级课程阶段，覆盖软件需求、分析与建模、设计、测试、质量、过程、管理等各个阶段，并将其与人机交互的领域相结合。

（三）以软件工程基本方法为主线改造计算机科学传统课程

①把从数字电路、计算机组成、汇编语言、I/O 例程、编译、顺序程序设计在内的基本知识重新组合，以 C/C++ 语言为载体，以软件工程思想为指导，设置专业基础课程。②把面向对象方法与程序设计、软件工程基础知识、职业与社会、团队工作、实践等知识融合，统一设计软件工程及其实践类的课程体系。

（四）改造计算机科学传统课程以适应软件工程专业教学需要

除离散数学、数据结构与算法、数据库系统等少量课程之外，进行了如下改革。①更新传统课程的教学内容，具体来说：精简操作系统、计算机网络等课程原有教学内容，补充系统、平台和工具；以软件工程方法为主线改造人机交互课程；强调统计知识改造概率统计为统计与经验方法。②在核心课程中停止部分传统课程，具体来说：消减硬件教学，基本认知归入"计算机学科导论"和"计算机组成原理与系统结构"（对于嵌入式等方向针对课程群予以补充强化）；停止"编译原理"，基本认知归入计算机语言与程序设计，基本方法归入软件构造；停止"计算机图形学"（放入选修课）；停止传统核心课程中的课程设计，与软件工程结合归入项目实训环节。

（五）课程融合

把职业与社会、团队工作、工程经济学等软技能知识教学与其他知识教育相融合，归入软件工程、软件需求工程、软件过程与管理、项目实训等核心课程。

（六）强调基础理论知识教学与企业需求的辩证统一

基础理论知识教学是学生可持续发展的自学习能力的基本保障，是软件产业知识快速更新的现实要求，对业界工作环境、方法与工具的认知是学生快速融入企业的需要。因此，课程体系、核心课程和具体课程设计均需体现两者融合的特征，在强化基础的同时，有效融入企业界主流技术、方法和工具。

在现有的基础上进一步完善知识、能力和综合素质并重的应用型人才的培养方案，引进、吸收国外先进教学体系，适应国际化软件人才培养的需要。创新课程体系，加强教学资源建设，从软硬两方面改善教学条件，将企业项目引进教学课程。加大实践教学学时比例，使实验、实训比例达到 1/3 以上，以项目为驱动实施综合训练。

二、课程体系的模块化

在本专业的课程体系建设中，结合就业需求和计算机专业教育的特点，打破传统的"三段式"教学模式，建立了由基本素质教育模块、专业基础模块和专业方向模块组成的模块化课程体系。

（一）基本素质模块

基本素质模块涵盖了知法、守法、用法能力以及语言文字能力、数学工具使用能力、信息收集处理能力、思维能力、合作能力、组织能力、创新能力和身体素质、心理素质等诸多方面的教育，教学目标是重点培养学生的人文基础素质、自学能力和创新创业能力，主要任务是教育学生学会做人。基本素质模块应包含数学模块、人文模块、公共选修模块、语言模块、综合素质模块等。

（二）专业基础模块

专业基础模块主要是培养学生从事某一类行业（岗位群）的公共基础素质和能力，为学生的未来就业和终身学习打下坚实的基础，提高学生的社会适应能力和职业迁移能力。专业基础模块课程主要包含专业理论模块、专业基本技能模块和专业选修模块。具体来讲，专业理论模块包含计算机基础、程序设计语言、数据结构与算法、操作系统、软件工程和数据库技术基础等课程；专业基本技能模块包括网络程序设计、软件测试技术、Java 程序设计、人机交互技术、软件文档写作等课程。

专业基础模块课程的教学可以实行学历教育与专业技术认证教育的结合，实现双证互通。如结合全国计算机等级考试、各专业行业认证等，使学生掌握从事计算机各行业工作所具备的最基本的硬件和软件知识，而且能使学生具备专业最基本的技能。

（三）专业方向模块

专业方向模块主要是培养学生从事某一项具体的项目工作，以培养学生直接上岗能力为出发点，实现本科教育培养应用型、技能型人才的目标。如果说专业基础模块注重的是从业未来及其变化因素，强调的是专业宽口径，就业定向模块则注重就业岗位的现实要求，强调的是学生的实践能力。掌握一门乃至多门专业技能是提高学生就业能力的需要。

专业方向模块课程主要包括专业核心课程模块、项目实践模块、毕业实习等，每个专业的核心专业课程一般为5—6门组成，充分体现精而专、面向就业岗位的特点。

第三节　计算机专业人才培养实践体系

实践是创新的基础，实践教学是教学过程中的重要环节，而实验室则是学生实践环节教学的主要场所。构建科学合理培养方案的一个重要任务是要为学生构筑一个合理的实践教学体系，并从整体上策划每个实践教学环节。应尽可能为学生提供综合性、设计性、创造性比较强的实践环境，使每个大学生在3年中能经过多个实践环节的培养和训练，这不仅能培养学生扎实的基本技能与实践能力，而且对提高学生的综合素质大有好处。

实验室的实践教学只能满足课本内容的实习需要，但要培养学生的综合实践能力和适应社会需求的动手能力，必须让学生走向社会，到实际工作中去锻炼、去提高、去思索，这也是高校学生必须走出的一步，是学生必修的一课。某高校就实践教学提出了自己的规划与安排，可供我们借鉴。

一、实践教学的指导思想与规划

在实践教学方面，努力践行"卓越工程人才"培养的指导思想，具体用"一个教学理念、两个培养阶段、三项创新应用、四个实训环节、五个专业方向、八条具体措施"来加以概括。

（一）一个教学理念

即确立工程能力培养与基础理论教学并重的教学理念，把工程化教学和职业素质培养作为人才培养的核心任务之一，通过全面改革人才培养模式、调整课程体系、充实教学内容、改进教学方法，建立软件工程专业的工程化实践教学体系。

（二）两个培养阶段

即把人才培养阶段划分为工程化教学阶段和企业实训阶段。在工程化教学阶段，一方面对传统课程的教学内容进行工程化改造，另一方面根据合格软件人才所应具备的工程能力和职业素质专门设计了四门阶梯状的工程实践学分课程，从而实现了课程体系的工程化改造。在实习阶段，要求学生参加半年全时制企业实习，在真实环境下进一步培养学生的工程能力和职业素养。

（三）三项创新应用

（1）运用创新的教学方法。采用双语教学、实践教学和现代教育技术，重视工程能力、写作能力、交流能力、团队能力等综合素质的培养。

（2）建立新的评价体系。将工程能力和职业素质引入人才素质评价体系，将企业反馈和实习生 / 毕业生反映引入教学评估体系，以此指导教学。

（3）以工程化理念指导教学环境建设。通过建设与业界同步的工程化教育综合实验环境及设立实习基地，为工程实践教学提供强有力的基础设施支持。

（四）四个实训环节

针对合格的工程化软件设计人才所应具备的个人开发能力、团队开发能力、系统研发能力和设备应用能力，设计了四个阶段性的工程实训环节。

（1）程序设计实训：培养个人级工程项目开发能力。

（2）软件工程实训：培养团队合作级工程项目研发能力。

（3）信息系统实训：培养系统级工程项目研发能力。

（4）网络平台实训：培养开发软件所必备的网络应用能力。

（五）提出五个专业实践方向

（1）软件开发技术（C/C++ 方向）。

（2）软件开发技术（JAVA 方向）。

（3）嵌入式方向。

（4）软件测试方向。

（5）数字媒体方向。

（六）八条具体措施

①聘请软件企业的资深工程师，开设软件项目实训系列课程。例如，将若干学生组织成一个项目开发团队，学生分别担任团队成员的各种职务，在资深工程师的指导下，完成项目的开发，使学生真实地体会到了软件开发的全过程。在这个过程中，多层次、多方向地集中、强化训练，注重培养学生实际应用能力。另外，引入暑期学校模式，强调工程实践，采用小班模式进行教学安排。

②创建校内外软件人才实训基地。学院积极引进软件企业提供实训教师和真实的工程实践案例，学校负责基地的组织、协调与管理的创新合作模式，强化学生工程实践能力的培养。安排学生到校外软件公司实习实训，在实践中学习和提高能力，同时通过实训能快速积累经验，适应企业的需要。

③要求每个学生在实训基地集中实训半年以上。在颇具项目开发经验的工程师的指导下，通过最新软件开发工具和开发平台的训练以及实际的大型应用项目的设计，提高学生的程序设计和软件开发能力。另外，实训基地则对学生按照企业对员工的管理方式进行管

理（如上下班打卡、佩戴员工工作牌、团队合作等），使学生提前感受到企业对员工的要求，在未来择业、就业以及工作中能够比较迅速地适应企业的文化和规则。

④引进战略合作机构，把学生的能力培养和就业、学校的资源整合、实训机构的利益等捆绑在一起，形成一个有机的整体，弥补高校办学的固有缺陷（如师资与设备不足、市场不熟悉、就业门路窄、项目开发经验有欠缺等），开拓一个全新的办学模式。

⑤加强实训中心的管理，在实验室装备和运行项目管理、支持等方面探索新的思路和模式，更好地发挥实训中心的功能和作用。

⑥在课程实习、暑假实习和毕业设计等环节进行改革，探索高效的工程训练内容设计、过程管理新机制。做到"走出去"（送学生到企业实习）和"请进来"（将企业好的做法和项目引进到校内）相结合的新路子。

⑦办好校内、校外两个实训基地建设，在校内继续凝练、深化"校内实习工厂"的建设思路，并和软件公司建设校外实训基地。

⑧加强第二课堂建设，同更多的企业共建学生第二课堂。学院不仅提供专门的场地，而且提供专项经费支持学生的创新性活动和工程实践活动。加大学生科技立项和科技竞赛等的组织工作，在教师指导、院校两级资金投入方面进行建设，做到制度保证。

要强化学生理论与实践相结合的能力，就必须形成较完备的实践教学体系。将实践教学体系作为一个系统来构建，追求系统的完备性、一致性、健壮性、稳定性和开放性。

按照人才培养的基本要求，教学计划是一个整体。实践教学体系只能是整体计划的一部分，是一个与理论教学体系有机结合的、相对独立的完整体系。只有这样，才能使实践教学与理论教学有机结合，构成整体。

计算机专业的基本学科能力可以归纳为计算思维能力、算法设计与分析能力、程序设计与实现能力、系统能力。其中的系统能力是指计算机系统的认知、分析、开发与应用能力，也就是要站在系统的观点上去分析和解决问题，追求问题的系统求解，而不是被局部的实现所困扰。

要努力树立系统观，培养学生的系统眼光，使他们学会考虑全局、把握全局，能够按照分层模块化的基本思想，站在不同的层面上去把握不同层次上的系统；要多考虑系统的逻辑，强调设计。

实践环节不是零散的一些教学单元，不同专业方向需要根据自身的特点从培养创新意识、工程意识、工程兴趣、工程能力或者社会实践能力出发，对实验、实习、课程设计、毕业设计等实践性教学环节进行整体、系统的优化设计，明确各实践教学环节在总体培养目标中的作用，把基础教育阶段和专业教育阶段的实践教学有机衔接，使实践能力的训练构成一个体系，与理论课程有机结合，贯穿于人才培养的全过程。

追求实验体系的完备、相对稳定和开放，体现循序渐进的要求，既要有基础性的验证实验，还要有设计性和综合性的实验和实践环节。在规模上，要有小、中、大；在难度上，要有低、中、高。在内容要求上，既要有基本的要求，还要有更高要求，通过更高的要求引导学生进行更深入的探讨，体现实验题目的开放性。这就要求内容既要包含硬件方面的，又要包含软件方面的；既要包含基本算法方面的，又要包含系统构成方面的；既要包含基本系统的认知、设计与实现，又要包含应用系统的设计与实现；既要包含系统构建方面的，又要包含系统维护方面的；既要包含设计新系统方面的，又要包含改造老系统方面的。

从实验类型上来说，需要满足人们认知渐进的要求，要含有验证性的、设计性的、综合性的实验，要注意各种类型的实验中含有探讨性的内容。

从规模上来说，要从小规模的开始，逐渐过渡到中规模、较大规模上。关于规模的度量，就程序来说大体上可以按行计。小规模的以十计，中规模的以百计，较大规模的以千计。包括课外的训练在内，从一年级到三年级，每年的程序量依次大约为5000行、1万行、1.5万行。这样，通过3年的积累，可以达到2.5万行的程序量。作为最基本的要求，至少应该达到2万行。

二、实践体系的设计与安排

总体上，实践体系包括课程实验、课程设计、毕业设计和专业实习四大类，还有课外和社会实践活动。在一个教学计划中，不包括适当的课外自习学时，其中课程实验至少14学分，按照16个课内学时折合1学分计算，共计224个课内学时。另外，综合课程设计4周、专业实习4周、毕业实习和设计16周，共计达到24周。按照每周1学分，折合24学分。

（一）课程实验

课程实验分为课内实验和与课程对应的独立实验课程。他们的共同特征是对应于某一门理论课设置。不管是哪一种形式，实验内容和理论教学内容的密切相关性要求这类实验是围绕着课程进行的。

课内实验主要用来使学生更好地掌握理论课上所讲的内容。具体的实验也是按简单到复杂的原则安排的，通常和理论课的内容紧密结合就可以满足此要求。在教学计划中，实验作为课程的一部分出现。

（二）课程实训、阶段性实训与项目综合实训

课程实训是指和课程相关的某项实践环节，更强调综合性、设计性。无论从综合性、设计性要求，还是从规模上讲，课程实训的复杂度都高于课程实验。

课程实训可以是以一门课程为主的，也可以是多门课程综合的，统称为综合实训。综合实训是将多门课程所相关的实验内容结合在一起，形成具有综合性和设计性特点的实验内容。综合课程设计一般为单独设置的课程，其中课堂教授内容仅占很少部分的学时，大部分课时用于实验过程。

综合实训能将学科课程知识与实际应用联系起来，整合学科课程知识体系，注重系统性、设计性、独立性和创新性等方面，具有比单独课内实验更有效和直接的作用。同时，还可以更有效地充分利用现有的教学资源，提高教学效益和教育质量。

综合实训不仅强调培养学生具有综合运用所学的多门课程知识解决实际问题的能力，更加强调系统分析、设计和集成能力，以及强化培养学生的独立实践能力和良好的科研素质。

各个方向也可以有一些更为综合的课程实训。课程实训可以集中地安排在1—2周完成，也可以根据实际情况将这1—2周的时间分布到一个学期内完成，更大规模的综合实训可以安排更长的时间。

（三）专业实习

专业实习可以有多种形式，如认知实习、生产实习、毕业实习、科研实习等，这些环节都是希望通过实习，让学生认识专业、了解专业，不过各有特点，各校在实施中也各具特色。

通常实习在于通过让学生直接接触专业的生产实践活动，真正能够了解、感受未来的实际工作。计算机科学与技术专业的学生，选择IT企业、大型研究机构等作为专业实习的单位是比较恰当的。

根据计算机专业的人才培养需要建设相对稳定的实习基地。作为实践教学环节的重要组成部分，实习基地的建设起着重要的作用。实习基地的建设要纳入学科和专业的有关建设规划，定期组织学生进入实习基地进行专业实习。

学校定期对实习基地进行评估，评估内容包括接收学生的数量、提供实习题目的质量、管理学生实践过程的情况、学生的实践效果等。

实习基地分为校内实习基地和校外实习基地两类，它们应该各有侧重，相互补充，共同承担学生的实习任务。

（四）课外和社会实践

将实践教学活动扩展到课外，可以进一步引导学生开展广泛的课外研究学习活动。

对有条件的学校和学有余力的学生，鼓励参与各种形式的课外实践，鼓励学生提出和参与创新性题目的研究。主要形式包括：①高年级学生参与科研；②参与ACM程序设计大赛、数学建模、电子设计等竞赛活动；③科技俱乐部、兴趣小组、各种社会技术服务等；④其他各类与专业相关的创新实践。

教师要注意给学生适当的引导，特别要注意引导学生不断地提升研究问题的水平，面向未来，使他们打好基础，培养可持续发展的能力。反对只注意让学生实践而忽视研究，总在同一个水平上重复。

课外实践应有统一的组织方式和相应的指导教师，其考核可视不同情况依据学生的竞赛成绩、总结报告或与专业有关的设计、开发成果进行。

社会实践的主要目的是让学生了解社会发展过程中与计算机相关的各种信息，将自己所学的知识与社会的需求相结合，增加学生的社会责任感，进一步明确学习目标，提高学习的积极性，同时也取得服务社会的效果。社会实践具体方式包括：①组织学生走出校门进行社会调查，了解目前计算机专业在社会上的人才需求、技术需求或某类产品的供求情况；②到基层进行计算机知识普及、培训，参与信息系统建设；③选择某个专题进行调查研究，写出调查报告等。

（五）毕业设计

毕业设计（论文）环节是学生学习和对学生培养的重要环节，通过毕业设计（论文），学生的动手能力、专业知识的综合运用能力和科研能力得到很大的提高。学生在毕业设计或论文撰写的过程中往往需要把学习的各个知识点贯穿起来，形成对专业方向的清晰思路，尤其对计算机专业学生，这对毕业生走向社会和进一步深造起着非常重要的作用，也是培养优秀毕业生的重要环节之一。

学生毕业论文（设计）选题应以应用性和应用基础性研究为主，与学科发展或社会实际紧密结合。一方面要求选题多样化，向拓宽专业知识面和交叉学科方向发展，老师们结合自己的纵向、横向课题提供题目，也鼓励学生自己提出题目，尤其是有些同学的毕业设计与自己的科技项目结合，学生也可到 IT 企业做毕业设计，结合企业实际，开展毕业设计（论文）；另一方面要求设计题目难度适中且有一定创意，强调通过毕业设计的训练，使学生的知识综合应用能力和创新能力都得到提高。

在毕业设计的过程中注重训练学生总体素质，创造环境，营造良好的学习氛围，促使学生积极主动地培养自己的动手能力、实践能力、独立的科研能力、以调查研究为基础的独立工作能力以及自我表达能力。

为在校外实训基地实习的同学配备校内指导老师和校外指导老师，指导学生进行毕业设计，鼓励学生以实践项目作为毕业设计题目。

该高校的计算机专业十分重视毕业设计（论文）的选题工作，明确规定，偏离本专业所学基本知识、达不到综合训练目的的选题不能作为毕业设计题目。提倡结合工程实际真题真做，毕业设计题目大多来自实际问题和科研选题，与生产实际和社会科技发展紧密结合，具有较强的系统性、实用性和理论性。近年来，结合应用与科研的选题超过90%，大部分题目需要进行系统设计、硬件设计、软件设计，综合性比较强，分量较重。这些选题使学生在文献检索与利用、外文阅读与翻译、工程识图与制图、分析与解决实际问题、设计与创新等方面的能力得到了较大的锻炼和提高，能够满足综合训练的要求，达到本专业的人才培养目标。

第四节　计算机专业课程体系建设

课程教学作为职业教育的主渠道，对培养目标的实现起着决定性的作用。课程建设是一项系统工程，涉及教师、学生、教材、教学技术手段、教育思想和教学管理制度。课程建设规划反映了各校提高教育教学质量的战略、学科和专业特点。

计算机专业的学生就业困难，不是难在数量多，而是困在质量不高，与社会需求脱节。通过课程建设与改革，要解决课程的趋同性、盲目性、孤立性以及不完整、不合理交叉等问题，改变过分追求知识的全面性而忽略人才培养的适应性的倾向。下面是某高校提出的课程建设策略。

一、夯实专业基础

针对计算机专业所需的基础理论和基本工程应用能力，构建统一的公共基础课程和专业基础课程，作为各专业方向学生必须具有的基本知识结构，为专业方向课程模块提供有效支撑，为学生后续学习各专业方向打下坚实的基础。

二、明确方向内涵

将各专业方向的专业课程按一定的内在关联性组成多个课程模块，通过课程模块的选择、组合，构建出同一专业方向的不同应用侧重，使培养的人才紧贴社会需求，较好地解决本专业技术发展的快速性与人才培养的滞后性之间的矛盾。

三、强化实际应用

为加强学生专业知识的综合运用能力和动手能力，减少验证性实验，增加设计性实验，所有专业限选课都设有综合性、设计性实验，还增设了"高级语言程序设计实训""数据结构和算法实训""面向对象程序设计实训""数据库技术实训"等实践性课程。根据行业发展的情况、用人单位的意向及学生就业的实际需求，拟定具有实际应用背景的毕业设计课题。

通过多年的探索和实践，课程内容体系的整合与优化在思路方法上有较大突破。课程建设效果明显，已经建成区级精品课程两门，校级精品课程三门，并制订了课程建设的规划。

作为计算机专业应用型人才培养体系的重要组成部分，课程建设规划制订时要注意以下几个方面：建立合理的知识结构，着眼于课程的整体优化，反映应用型的教学特色；在构建课程体系、组织教学内容、实题创新与实践教学、改革教学方法与手段等方面进行系统配套的改革；安排教学内容时，要将授课、讨论、作业、实验、实践、考核、教材等教学环节作为一个整体统筹考虑，充分利用现代化教育技术手段和教学方式，形成立体化的教学内容体系；重视立体化教材的建设，将基础课程教材、教学参考书、学习指导书、实验课教材、实践课教材、专业课程教材配套建设，加强计算机辅助教学软件、多媒体软件、电子教案、教学资源库的配套建设；充分利用校园资源环境，进行网上课程系统建设，使专业教学资源得到进一步优化和组合；重视对国外著名高校教学内容和课程体系改革的研究，继续做好国外优秀教材的引进、消化、吸收工作。

第五节　计算机专业人才培养教学管理

以某高等院校的教学管理为例，汲取其中的有益经验。

一、教学制度

在学校、系部和教研室的共同努力下，完善教学管理和制度建设，逐步完善了三级教学管理体系。

（一）校级教学管理

学校现已形成完整、有序的教学运行管理模式，包括建设质量监控队伍，建立教学管理制度、教学工作的沟通及信息反馈渠道等。学校教务处负责全校教学、学生学籍、教务、实习实训等日常管理工作，同时设有教学指导委员会、学位评定委员会、教学督导组等，对各系的教学工作进行全面监督、检查和指导。

学校教务管理系统实现了学生网上选课、课表安排及成绩管理等功能。在学校信息化建设的支持下，教学管理工作网络化已实行了多年，平时的教学管理工作，如学籍管理、教学任务下达和核准、排课、课程注册、学生选课、提交教材、课堂教学质量评价等均在校园网上完成，网络化的平台不仅保障了学分制改革的顺利进行，同时也提高了工作效率。同时，也为教师和学生提供了交流的平台，有力地配合了教学工作的开展。

学校制订了学分制、学籍、学位、选课、学生奖贷、考试、实验、实习及学生管理等制度和规范，并严格执行。在学生管理方面，对学生德、智、体综合考评，大学生体育合格标准，导师、辅导员工作，学生违纪处分，学生考勤，学生宿舍管理及学生自费出国留学等都做了规定。

（二）系级教学管理

计算机工程系自成立以来，由系主任、主管教学的副主任、教学秘书和教务秘书等负责全系的教学管理工作，主要负责制订和实施本系教育发展建设规划，组织教育教学改革研究与实践，修订专业培养方案，制订本系教学工作管理规章制度，建立教学质量保障体系，进行课堂内外各个环节的教学检查，监督协调各教研室教学工作的实施等。系里负责教学计划与任课教师的管理、日常及期中教学检查、学生成绩及学籍处理以及教学文件的保存等。

（三）教研室教学管理

系下设多个教研室，负责专业教学管理，修订教学计划，落实分配教学任务，管理专业教学文件，组织教学研究活动与教育教学改革、课程建设、编写修订课程教学大纲及实验大纲，协助开展教学检查，负责教师业务考核及青年教师培养等。

二、过程控制与反馈

计算机学院设有教学指导委员会（由学院党政负责人、各专业系负责人等组成），负责制订专业教学规范、教学管理规章制度、政策措施等。学校和学院建立了教学质量保障体系，学校聘请具有丰富教学经验的离退休老教师组成教学督导组，负责全校教学质量监督和教学情况检查等。通过每学期教学检查、毕业设计题目审查、中期检查、抽样答辩、教学质量和教学效果抽查、学生评价等环节，客观地对教育工作质量进行有效的监督和控制。

由于校、院、系各级教学管理部门实行严格的教学管理制度，采用计算机网络等现代手段使管理科学化，提高了工作效率，教学管理人员尽职尽责，素质较高，教学管理严格、规范、有序，为保证教学秩序和提高教学质量起到了重要作用。

（一）教学管理规章制度健全

学校以国家和教育部相关法律、法规为依据，针对教师培训制度、教学管理制度、教学质量检查与评价制度、学生学籍管理制度以及学位评定制度等制订了一系列文件，并针对教学管理中出现的新情况、新问题，对教学管理相关文件做及时修订、完善和补充。

在学校现有规章制度的基础上，根据实际情况和工作需要，计算机学院又配套制订了一系列强化管理措施，如《计算机网络技术专业"十四五"建设与发展规划》《计算机工程系教学管理工作人员岗位职责》《计算机工程系专任教师岗位职责》《计算机工程系实训中心管理人员岗位职责》《计算机工程系课堂考勤制度》《计算机工程系毕业设计（论文）工作细则》《计算机工程系教学奖评选方法》《计算机工程系课程建设负责人制度》等。

（二）严格执行各项规章制度

学校形成了由院长分管教学副院长—职能处室（教务处、学生处等）系部的分级管理组织机构，实行校系多级管理和督导，教师、系部、学校三级保障的机制，健全的组织机构为严格执行各项规章制度提供了保证。

学校还采取全面的课程普查，组织校领导、督导组专家听课，每学期第一周（校领导带队检查）、中期（教务处检查）、期末教学工作年度考核等措施，保证规章制度执行。

学校教务处坚持工作简报制度，做到上下通气，情况清楚，奖惩分明。对于学生学籍变动、教学计划调整、课程调整等实施逐级审批制；对在课堂教学、实践教学、考试、教学保障等各方面造成教学事故的人员给予严肃处理；对优秀师生的表彰奖励及时到位。

教学规章制度的严格执行，使学院树立了良好的教风和学风，教学秩序井然，教学质量稳步提高，为实现本专业人才培养目标提供了有效保障。

第六章　构建新型计算机应用型人才培养体系

计算思维应该人人都掌握，处处被使用。计算思维是一种方法论的思维，是人人都应掌握和必备的思维能力，要使其真正融入人类活动的整体之中，成为协助人类解决问题的有效工具，自然而然，计算思维应积极融入我们的基础教学之中。大学计算机基础教学是以提高大学生综合实践能力和创新能力，培养复合型创新人才为目标的。那么，它就应义不容辞地承担着培养学生计算思维能力的重任。

教育部高等学校计算机基础课程教学指导委员会提出了要"分类分步骤逐步推进改革"的指导思想，并将相应的改革策略集中于内容重组式、方法推动式和全面更新式。

我们要通过大学计算机基础课程教学改革来进一步准确解读"计算思维"的内涵与外延，逐步建立计算思维在教学中的科学表达体系，将计算思维融入课程理论知识和技能训练的结构体系之中，要通过能力要求来推动学生计算思维品质的提升，将能力标准作为计算思维在教学中的落脚点和表现形态，要将计算思维的思想和方法真正落在实处。根据信息社会的发展需求和我国人才培养目标要求以及我国大学计算机基础教育的实际发展现状，将我国大学计算机基础教学改革的指导思想总结为"厚基础、宽专业、勤实践、强能力、重素质、善创新"。我国大学计算机基础教育要以"培养学生计算思维能力"为核心任务，坚持"理论教学与实验教学相结合、计算思维与专业应用相结合、综合实践与创新能力培养相结合"的理念，从教学理念、课程体系、教学模式与方法、教学评价机制、师资队伍建设、教材建设等方面着手，积极构建以"计算思维能力培养"为核心的大学计算机基础课堂教学体系。

第一节　以计算思维能力培养为核心的人才培养教学体系

一、教学理念

《高等学校计算机基础教学发展战略研究报告暨计算机基础课程教学基本要求》中明确提出四个方面的能力培养目标：对计算机科学的认知能力；基于网络环境的学习能力；运用计算机解决实际问题的能力；依托信息科学技术的共处能力。大学计算机基础教学应打破"狭义工具论"的局限，注重对学生综合素质和创新能力的培养。计算机基础教学不仅要为学生提供解决问题的手段与方法，还要为学生输入和灌输科学有效的思维方式。因此，计算机基础理论教学的重心由"知识和技能掌握"逐渐向"计算思维能力培养"转变，通过潜移默化的方式培养学生运用计算机科学的思维与方法去分析和解决专业问题，逐步提高学生的信息素养和创新能力。

二、课程体系

（一）课程定位

《九校联盟计算机基础教学发展战略联合声明》中明确提出，要把学生的"计算思维能力培养"作为计算机基础教学的核心任务。这不仅指明了计算机基础课程改革的发展方向，也明确了课程的基础定位。计算机基础课程不仅是学校的公共基础课程，更是与数学、物理同样重要的国家基础课程。不仅国家、学校、教师要提高对计算机基础课程的认识，更重要的是需要每个学生真正认可这种课程定位，并加以重视。

（二）课程内容

大学计算机基础课程承担着培养学生计算思维能力的重任，所以课程内容不仅要包含计算机科学的基础知识与常用应用技能，更应强调计算机科学的基本概念、思想和方法，注重培养学生用计算思维方式与方法去解决学科中的实际问题，提高学生的应用能力和创新能力。

我们应根据全新的计算机基础教学理念，来组织和归纳知识单元，梳理出计算思维教学内容的主体结构。教学内容要强调启发性和探索性，突出引导性，激发学生的思考，实现将知识的传授转变为基于知识的思维与方法的传授，逐步引导学生建构起基于计算思维的知识结构体系。教学内容要强调实用性和综合性，设计贴近生活，并采用具有实际操作性的教学案例，引导学生自主学习与思考，体会问题解决中所蕴含的计算思维与方法，并逐步内化为自身的一种能力。课程内容要保持先进性，将计算机学科的最新成果及时融入教材中，引导学生关注学科的发展方向。

1.调整与整合课程内容

对原来的计算机基础课程内容进行改革与调整。首先，压缩或取消学生在中学阶段已学习过的内容，如操作系统和常用办公软件的介绍和操作等内容。其次，原先的课程内容多而繁杂，降低了学生的学习兴趣，也与日益减少的课时形成鲜明对比，所以应适当删减那些令人晦涩难懂的专业名词和过于复杂的系统实现细节，把课程内容的重点放在介绍计算环境的构成要素和抽象问题求解的方法上。最后，要将课程内容模块化，例如将计算机环境分为计算机系统、网络技术与应用、多媒体技术、数据库技术与应用等教学模块，每个模块应选择基于计算思维的相关知识点为模块内容，结合相关实际案例，让学生体会抽象问题求解的过程。

重新规划和整合大学计算机基础课程体系，在计算机组成原理、数据结构、数据库技术与应用等主干课程中增加具有计算思维特征的核心知识内容。在课程内容组织中，适当增加一些"问题分析与求解"方面的知识，希望通过对计算机领域的一些经典问题的分析和求解过程的详细讲授，来培养学生的计算思维能力。

经典问题有：梵天塔问题、机器比赛中的博弈问题、背包问题、哲学家共餐问题等。此外，以典型案例为主线来组织知识点，并将案例所蕴含的思维与方法渗透其中，以此来培养学生的计算思维能力。

课程内容的更新速度永远跟不上计算机技术的发展速度，甚至有可能内容还未更新而技术就已经落伍了。但是，多年来，不论计算机技术如何层出不穷、应用如何令人应接不暇，但支撑这些变化的是一些永恒经典的东西——二进制理论、计算机组成原理、微机接口与系统理论、编码原理等。这些永恒经典便是计算机基础课程的核心内容，所以培养学生的计算思维要从学习这些永恒经典内容开始。

2.设置层次递进型课程结构

计算机基础课程体系以培养学生计算思维能力和基本信息素养为核心目标，包含必修、核心、选修三层依次递进的课程，是一个从计算机基本理论和基本操作到计算机与专业应用相结合、从简单计算环境认识到复杂问题解决的完整课程体系。

科学合理的课程结构设置对学生建构良好知识体系具有重要意义。我们可以在整个大学计算机基础教学期间采用层次递进、循序渐进的课程设置方式，在一年级开设计算机基础类课程，帮助学生初步认识和了解计算机学科。在二、三年级，开设计算机通识类课程（如图形处理、网页制作等）加深学生认识，激发学习兴趣。最后，在高年级开设与专业相交叉的计算类课程，如在管理类专业开设数据库技术与应用课程；在艺术类专业开设多媒体技术课程；在理工类专业开设程序设计类课程等，引导学生以计算机为工具来解决专业问题，培养学生形成一种可以用于解决专业问题的计算思维能力。

3.计算机基础课程与专业课程相融合

计算机基础课程的教学目标是培养学生的计算思维能力，使其能利用计算机科学的思想和方法去解决专业问题。所以，计算机基础课程教学的最终落脚点是服务于学生的专业教育。促进计算机基础课程与专业课程的整合与协调，实现计算机基础教育向专业教育靠拢。具体措施有：将全校专业按专业属性划分类别，如文史类、理工类、艺术类等，并根据专业类别特点制订不同的教学计划；根据教师的专业方向和兴趣爱好，建立不同专业的计算机基础教学教师团队，要求教师在教学中，充分考虑到学生的专业需求，选择与学生专业相关的教学内容。

三、教学模式

计算思维能力是基于计算机科学基本概念、思想、方法上的应用能力和应用创新能力的综合，不仅能够运用计算机科学的思维方式和方法去分析、解决问题，而且还能运用其去进行开拓创新性研究。对于非计算机专业的学生来说，计算思维能力培养的重点是采取的策略能促进学生理解计算思维的本质并将其内化于思维之中进而形成计算思维。

在传统的大学计算机基础课程教学模式中，计算思维能力一直隐藏于其他能力培养中，比如应用能力、应用创新能力等，现我们要将其剥离出来，直接展示给学生，并在整个教学体系中贯穿它，并最终成为学生认识问题、分析问题以及解决问题的一种有效本能工具。

（一）分类教学模式

分类教学模式以专业属性特点为整合依据，将所有专业划分为几个大类别，如理工类、文史类、管理类、艺术类等，按类别分别构建计算机基础课程体系，同时按类别分别实施不同的教学方法和灵活安排不同的教学策略。在教材编写上，我们可以进行分类设计，并对各个章节进行分类编写，以满足学生的不同专业需求。在教学活动的开展上，分类制订教学目标，分类设计教学大纲，并根据各类专业学习的不同需求，选择与专业类别相符的教学内容、实验内容以及技能训练，逐步提高学生计算机学习和专业应用相结合的能力。

（二）多样化的教学组织形式

除采用传统的课堂授课形式外，我们还可采用专题、研讨以及定期交流等不同形式给学生讲授知识。我们应在教学的各个环节中有意识地融入思维训练，实现专业知识和计算思维能力相互促进与提高，不断提升学生的应用能力和应用创新能力。

（三）以学生自主学习为主的教学

近年来，随着计算机技术的高速发展和快速普及，造成大学计算机基础理论教学内容涉及领域越来越广，知识点多而烦琐，加上师资力量、配套设施以及授课时间等限制，所以有必要将一些基础常识性知识交给学生自主学习，不仅节省了教学时间，也提高了教学效率，还激发了学生学习的积极性。学校应加强网络教学资源平台建设和课程内容改革，完善学生自主学习的环境。

将计算机基础课程与专业学习紧密结合，将课程作业转化为专业任务，激发学生学习动机。建立教师辅导机制和全方位的自我监控学习，帮助学生查漏补缺，通过完成任务，在提高学生兴趣和自信心的同时，还提高了学生的学习自主性。

四、教学方法

（一）案例教学法

相比枯燥的、以简单罗列抽象理论知识为主要形式的传统教学方法，案例教学法更能激发学生的学习兴趣，促进学生的积极思考。将案例教学法引入计算机基础课程教学中，用源自社会、生活、经济等领域的典型案例来调动学生的积极性，将案例与知识点相结合，深化学生对知识点的理解和掌握。教学案例在体现计算思维的基础上，应与学生的专业相联系，要明确计算思维和专业应用的关系。案例教学强调通过师生讨论问题，引导学生自主思考、归纳和总结，并且要有意识地训练学生的思维，让学生体会和理解如何用计算机科学的思维和方式去解决专业问题，进而培养学生的计算思维能力。

将典型案例引入到课堂教学中，可以调动学生自主学习的积极性和创造性，提高学生的独立思考能力和判断力。同时，各种案例还可以让学生感受到知识中所蕴含的思维与方法之美妙，将知识化繁为简，帮助学生深入认识知识之间的内在规律性和相互关联性，在头脑中形成稳定而系统的知识结构体系。

案例教学法以培养学生的计算思维能力为目标，选择合适的教学案例为关键，具体操作流程如下：第一，在教学中通过恰当的方式引入问题；第二，引导学生自己分析问题，并将问题抽象为计算机可以处理的符号语言表达形式；第三，在教师的指导下，学生学会利用计算机的思维与方法来解决问题；第四，教师详解在问题解决过程中所涉及的计算机知识；第五，学生自己总结与归纳所学到的知识与技能；第六，教师通过布置作业来检验教学效果。

（二）辐射教学法

计算机基础课程属性决定了其内容必然是包罗万象、杂乱无章的。有限的课时也决定了教学是做不到面面俱到的。我们可以选择典型的核心知识点为授课内容，采取以点带面的辐射式教学方法，以核心知识为圆心，帮助学生学习其他的知识内容，达到触类旁通的效果。

（三）轻游戏教学法

为改变课程内容枯燥无味，学生学习兴趣降低等困境，可将教学内容以轻游戏形式展示给学生，帮助学生以简单的应用方法、低开发强度和高实用性实现教育功能。以程序设计类课程为例，教师可通过将一些经典算法案例以"轻游戏"的形式传授给学生，如交通红绿灯问题、计算机博弈等，对培养学生的程序设计思维能力有很大的帮助。

（四）回归教学法

在计算机基础教学中培养学生具备利用计算机解决问题的方式去分析问题以及解决问

题的能力是非常重要的。如何培养学生将实际问题转化为计算机可以识别的语言符号的抽象思维能力一直是教学工作中的难点。引入回归教学法可以很好地解决这个问题。计算机科学的很多理论源自实际应用，所以回归教学法将理论回归到问题本身，将理论教学与其原型问题解决过程讲授相结合，引导学生认识和理解计算机是如何分析和解决这些问题的，逐步培养学生的抽象思维、分析以及建模能力。回归教学法是一个从实际到理论，再从理论到实际的循环往复过程，有助于不断提高学生思维的抽象程度。

五、教学考核评价机制

（一）完善理论教学的考核机制

1.注重思辨能力考核

课程考核的重心以思辨能力考核为主，那么学生的学习重心将转移到对思维、方法的掌握。课程考核应适当增加主观题的比例，重点考查学生对典型案例的解决思路与方法，提倡开放型答案，鼓励学生从计算机与专业相结合视角来阐述自己的观点。

2.调整各种题型的比例与考核重点

首先，在机考中增加多选题型的比重，并通过增加蕴含益于计算思维培养的考题来促进学生对知识以及思想和方法的掌握。其次，填空题型应重点强调对思维与知识结合点的考核，以蕴含思维的知识点为题干，以正确解决问题所需的思维为填充答案，实现思维与知识点的完美结合。最后，综合题型的考核应侧重于知识点以及思维方法与专业应用问题的结合。

3.布置课外大作业

大作业是教师根据教学进度和课程需要为学生布置的并要求在规定时间内完成的课程任务。大作业的选题要广泛，要求学生要出产品。学生为完成作业，必须要查看很多相关资料以及与学习相关的应用软件。例如，创建一个网站，就需要学习网页制作类知识；制作一个图书管理系统，就需要学习数据库类知识；制作一个网络通信程序，就需要学习网络编程知识。学生可以独立或者几个人合作来完成大作业任务。大作业要充分体现已学知识点中所蕴含的计算思维与方法，问题解决上要反映出计算思维的处理方法，并且大作业要求要体现各个专业的普遍需求。

加大课外大作业在学生课程考核体系中的比重，提高了学生参与合作、进行有效思维的积极性。

（二）建立多元化综合评价体系

学生的学习是一个动态、连续发展的过程，仅靠期末考试成绩不能准确反映学生真实的学习效果。因此，我们应改变过去以总结性评价为主的学生评价体系，积极构建以诊断性评价、过程性评价、总结性评价为基准的多元化学生综合评价体系。学生综合评价体系应当在对学生学习积极性、课堂出勤与表现、作业以及考试成绩等方面进行考核的基础上，适当增加对学生思维能力以及创新能力的考核。科学合理地安排不同考核的比例分配，积极创新考核形式与方法，不断提高和完善学生综合评价体系的建设水平。

此外，教师教学效果的评价体系也是整个评价机制的重要组成部分。我们可以通过完善教学督导制度、学生网上评教制度以及定期举行教学观摩课和青年教师讲课大赛来不断提升教师的教学水平，进而提高教学质量。

六、教学师资队伍

针对学生的专业背景不同，我们应吸收具有不同专业背景并从事计算机教学与研究的教师组成新型的师资队伍，并针对不同的专业背景设计教学方案并进行有的放矢教学，使学生了解和掌握计算机在不同专业学习中的应用以及解决专业问题所涉及的计算思维和方法，将计算机学习与专业学习紧密结合，加深学生对计算机在专业应用中的认识，进而提高学生的应用能力和应用创新能力。

七、理论教材建设

教材是推广和传播课程改革成果的最佳载体，既要具备先进性和创新性，又要兼顾适用性。既要体现先进教育理念和计算机基础理论教学改革的最新成果，还要适合本校计算机基础理论教学的实际发展状况。要在注重计算机基础知识和基本技能的基础上结合学生的专业学习。在计算思维能力培养的新型理念指导下，科学调整教材结构体系，系统规划教材内容，编写特色鲜明的高质量课程教材。

此外，我们可以尝试一种新型教材编写的思路，即在专业学科的知识框架下，以本专业的经典应用案例为引入点，来讲授该应用所反映的计算机知识内容，详细分析如何对问题建立模型，提取算法，将问题抽象转化为计算机可以处理的形式。这种教材编写模式对培养学生的计算机应用能力和计算思维能力具有革命性意义。

第二节　以计算思维能力培养为核心的计算机基础实验教学体系

2006 年，我国第一个国家级计算机实验教学中心成立于北京航空航天大学。2007 年，北京大学计算机实验教学中心、西安交通大学计算机实验教学中心、清华大学计算机实验教学中心、电子科技大学计算机实验教学中心、同济大学计算机与信息技术教学实验中心、兰州交通大学计算机科学与技术实验教学中心、哈尔滨工业大学计算机科学与技术实验中心、杭州电子科技大学计算机实验教学中心、东南大学计算机教学实验中心等9家单位成为第二批国家级计算机实验教学示范中心。

　　计算机学科是一个非常重视实践的学科，我们的任何想法最终都要通过计算机来实现，否则就是空中楼阁、虚无缥缈。实验教学是大学计算机基础教学的重要组成部分，对培养学生动手实践能力、分析和解决实际问题能力、综合运用知识能力以及创新能力等方面起着不可替代的作用。我们要以培养拔尖创新人才为目标，与理论课程体系相衔接，与学生专业应用需求相结合的基础上，逐步形成以培养计算思维能力和创新能力为主线的多层次、立体化计算机基础实验教学体系。

一、教学理念

　　实验教学既是从理论知识到实践训练来实现学生知行统一的过程，又是培养学生综合素质和创新能力的过程。实验教学要以为国家培养高水平拔尖创新人才为目标，以"理论与实践并重，专业与信息融合，素养与能力并行"为指导思想，以"学生实践能力和创新能力培养"为核心任务，将计算机基础实验教学与理论教学、实验教学与专业应用背景、科研与实验教学相结合，积极构建科学合理的分类分层实验课程体系，创新实验教学模式与方法，改善实验教学环境，提倡学生自主研学创新，注重学生个性发展，在实践中激发学生的创新意识，不断提高学生的应用能力和应用创新能力。

二、课程体系

　　以"计算思维能力培养"为大学计算机基础教学改革的核心任务，深入研究不同专业的人才培养目标和各个专业对计算机的应用需求，并结合不同专业学生的特点，建立基础通识类、应用技能类、专业技能类三个层次的实验课程体系，并且每类课程都包含基础型实验项目、综合型实验项目、研究创新型实验项目，以满足不同层次人才的培养要求。实验项目的选择和设计要紧密联系实际应用，强调趣味性和严谨性，要反映不同专业领域的实际应用需求，以激发学生的兴趣，拓展学生的创新思维空间，培养学生的科学思维和创新意识。

　　基础通识类实验课程以基础验证型实验为主，帮助学生验证所学理论知识和掌握基本操作技能，并且将"主题实践"贯穿于整个实验教学之中，要将基本操作和技能综合运用到具体的实验项目中。技术应用类实验课程注重学以致用，以综合型实验为主，强调实验的应用性，通过淡化理论知识，强调计算思维与方法的手段来培养学生分析问题和解决问题的能力。

　　专业技术类实验课程强调计算机科学与学生专业的相互融合，培养学生利用计算机科学的思维与方法去解决实际专业问题的能力。课程中综合型实验和研究创新型实验的所占比例大幅提高，力图对学生在创新思维、科研能力、动手实践能力、团队合作等方面进行全面训练，不断提高学生的自主学习能力、综合应用能力和创新能力。

根据学生的兴趣爱好和专业学习，增设学生可自由选择的实验模块，并且要科学合理地安排不同实验的比例，保障和优化基础层实验，重视综合层实验，适当增加研究创新层实验。每类实验的设计要尽量实现模块化、积木化，以满足学生的不同需求，便于学生根据自己的专业特点自主选择实验内容，促进学生的个性化发展，实现培养多层次高素质人才的目标。

三、教学模式

根据高等学校计算机基础课程教学指导委员会公布的关于"技能点"的基本教学要求，以培养学生的计算思维能力为核心，以培养多层次的高素质人才为目标，以学生的自身水平和专业特点为依据，科学制订每类课程的实验教学大纲，针对不同的专业选择不同的实验项目，安排不同的实验时数，实施不同的实验教学方法，将课内实验与课外实验紧密结合，逐步完善计算机基础实验教学体系。

（一）分类分层次的实验教学模式

不同专业对学生的计算机应用能力的要求不同，计算机基础教学应该与之相适应。我们对这些不同需求进行分析和归类后，将各个专业划分为理科类、工科类、文史类、经济管理类、医学类、艺术类等几个大类，然后分别实施分类实验教学，并根据学生的自身水平和发展定位，实行分层次培养，逐步完善与计算机基础理论教学相配套的实验教学体系。

（二）开放式的实验教学模式

计算机基础实验教学要以开放式学习为主，学生在教师的引导下，不断提高自主学习的能力。在一些综合性较强的实践教学活动中，学生以小组为单位，讨论和分析问题，并自行设计和实施解决方案，让每个学生都充分表达自己的想法，激发他们的创新思维并培养他们的创新能力。

（三）任务驱动式教学模式

在计算机基础实验教学中，任务驱动式教学是一种基于计算思维的新型教学模式。在这种教学模式中，教师主要负责的工作是基本操作演示、提出任务和呈现任务、实验指导、总结归纳。学生在教师的指导下，通过自主学习和相互讨论，利用计算机科学的思维和方法去分析和解决问题。任务驱动式教学模式是教师选取贴近学生日常生活的计算机应用问题作为实验任务，如设计一个图书馆管理系统、超市商品管理系统、电子商务网站等，促进学生形成强烈的求知欲望。在教师的指导下，学生通过自主探索学习或小组相互协作，选择合适的计算方法或编程工具，在不断的调试和修改中最终完成任务。任务驱动式实验教学模式充分发挥了学生学习的积极性和主动性，在强调学生掌握基本操作技能的基础上注重培养和提升学生的计算思维能力。

四、教学内容

计算机技术的快速发展促进了实验教学方法和手段的不断变革，我们要以先进的教育理念为指导，将先进的计算机技术与实验教学内容、方法和手段相结合，推动计算机基础实验教学的改革。

计算机基础实验教学要以学生为主体，因材施教，针对不同的实验项目、不同的学习对象、不同的专业背景采用不同的实验教学方法或者是多种方法的结合，激发学生的实践创新主动性，实现培养学生实践能力和创新能力的教学目的。比如，对于基础层实验项目，主要采用教师现场演示与指导的教学方法；对于综合层实验项目，可采用学生分组互动讨论的教学方法对于研究创新层实验项目，可采用开放式学生自主实践的教学方法。另外，其他的一些教学方法，如网络教学可以运用于学生的课外实践活动中；目标驱动式教学可以通用于各类实验项目教学之中。在很多实验项目的实际教学中，往往会同时采用多种形式的教学方法，以此来提高课堂教学效果。以下介绍几种常用的实验教学方法。

（一）目标驱动式教学方法

教师提出实验目标与项目，学生在教师的指导下自主完成实验的各个环节，例如查阅资料、设计方案、上机操作与调试、实验结果测试以及实验报告撰写等。这种教学方法有助于培养学生的自主学习能力，提高学生的实践能力和自主创新能力。

（二）开放式自主实验教学方法

在现有实验环境的基础上，学生根据自己的专业特点和兴趣爱好来自主选择指导教师和实验项目，教师进行适当的实验指导，学生自主完成整个实验过程。开放式自主实践教学方法重视培养学生的自主学习能力和创新能力。

（三）小组互动讨论式教学方法

教师将学生分成若干个小组，并引导学生在师生之间、小组之间以及组内成员之间讨论实验的设计方案、方法等，激发学生的参与热情，提高学生的语言表达与沟通能力，培养学生的团队协作精神。

五、教学考核评价机制

实验教学考核要突出对学生能力的考核，注重学生的学习过程，对学生的实验过程进行多点跟踪，如参与积极性、贡献程度等，除利用实验课程管理系统对学生的进行过程跟踪外,还可要求学生提供实验进度报告,以方便教师实时指导和检查,控制学生的实验进度。

对于程序设计和实践操作类实验课程应逐渐取消笔试,采用上机操作或编程的"机考",打破学生靠"死记硬背"来应付考试的传统,促进学生平时多思考、多实践、多操作,锻炼学生的科学思维和实践操作能力。

实验教学考核的目的是客观而准确地评价学生的实验过程与实验质量,以促进学生提高自己的实践能力与创新能力。由于计算机基础实验教学中实验形式多样化、强调过程与结果并重,所以我们应构建多样化的实验教学考核体系。考核体系中包含四中考核形式:平时实验考核、期末机考、实验作业考核、研究创新考核。其中平时实验考核重点考查学生平时的实验过程表现和出勤情况。期末机考重点考察学生的基本操作技能和综合应用能力,要实现无纸化考试。实验作业考核形式综合考查学生的自主学习能力、综合应用能力以及创新能力,学生根据自己的专业自主选择实验题目,自由组成团队,自主设计和实施解决方案。最后教师根据学生提交的实验程序和实验报告,以及现场演示和答辩的表现情况给出成绩。研究创新考核是为了鼓励学生积极参与各种形式的科研活动和计算机竞赛活动而设立的,以培养学生的探索精神、科学思维、实践能力和创新能力为宗旨。实验考核体系要充分考虑到实验教学的各个过程环节,对学生形成全面、客观、准确的评价,提高学生对实验教学的重视程度。

我们要根据每类实验课程的要求和特点来采用不同组合的考核形式,并科学调整考核形式之间的比例关系,如基础通识类课程可采用平时实验 10%+ 期末机考 60%+ 实验作业 30% 的考核体系;技术应用类课程可采用平时实验 10%+ 期末机考 40%+ 实验作业 50% 的考核体系;研究创新类课程可采用平时实验 10%+ 实验作业 50%+ 研究创新 40% 的考核体系。

六、教学师资队伍

要形成一支热爱实验教学,教学和科研能力较强,实验教学经验丰富且敢于创新的实验教学队伍;逐步优化师资队伍在学历结构、职称结构以及年龄结构等方面的配置;支持和鼓励教师积极投身于实验教学教材的编写和实验教学设备的自主研制工作;鼓励教师将科研开发经验与计算机基础实验教学相结合,在不断提高自身科研水平的基础上,开发与设计一些高水平的综合性实验项目,丰富实验教学内容;逐步完善教师的培养培训制度,促进教学队伍知识和技术的与时俱进;完善教师管理体制,吸引来自不同学科背景的高素质教师参与和从事计算机基础实验教学和改革工作,逐步形成以专职教师为主、兼职教师为补充的混合管理体制,实现人才资源的互补与交融。

七、实验教材建设

实验教材建设是大学计算机基础实验教学工作的重点之一。实验教材建设要突出"快""新""全"。所谓"快"就是实验教材建设要跟上计算机技术快速发展的步伐，及时更新教材内容；所谓"新"就是将计算机科学的最新研究成果和前沿技术融入教材中，将实验教学的最新成果及时固化到教材中；所谓"全"就是大学计算机基础实验教学中的所有主干课程均有配套的实验教材或讲义。

实验教材的编写方式有两种：独立的实验教材、理论和实验合一的教材。前者是在编写理论教材的同时，编写与之配套的实验教材，帮助学生在上机时有明确的实验目标和详细的实验参考资料。后者强调教材要使理论与实际应用紧密结合，并在内容的组织上，突出对计算机操作技能的要求。根据实验课程的特点来选择教材的编写方式，强调实践操作和实际应用的课程，例如微机原理与接口技术、多媒体技术与应用、计算机网络技术与应用等课程可编写专门的实验教材，而强调基础知识与技术的课程，例如大学计算机基础、程序设计语言等课程可编写理论与实验合一的教材。

坚持走持续发展式实验教学改革之路，紧跟计算机技术的发展步伐，适应计算机技术更新频率快的特点，积极参与世界先进理论与技术的讨论与研究，密切关注计算机科学的前沿与发展趋势，及时调整实验教学体系与课程内容，将先进的技术、工具、方法、平台积极纳入实验教学之中。我们应积极推动计算机基础实验教学理念、课程体系、教学内容、教学模式与教学方法、教学资源库建设等方面的改革，培养具有较强创新意识、科学思维能力、基础扎实、视野开阔的多层次高素质创新人才。以实验室硬软件环境建设为基础，不断提高教学资源的共享与开放水平，以教学体系和管理体制改革为核心，不断提高实验教学队伍的整体素质和水平，以科研来带动实验教学，不断提高计算机基础实验教学质量。

第三节 理论教学与实践教学协调优化

一、理论教学与实验教学统筹协调的教育理念

理论性和实践性是计算机学科的两个显著特点，所以对学生计算思维能力的培养，除通过理论教学外，实验教学也是培养学生计算思维能力的重要途径。计算思维能力的培养离不开丰富的实践活动，它是在不断的实践中逐渐形成的。理论教学是学生获取知识和技能的主要途径，是学生掌握科学思想与方法、提升科学能力、形成科学品质、提高科学素养的主要渠道。但是，如果只停留在理论教学层面，学生学到的知识就如同纸上谈兵。学

生只有经过自己实际动手操作的实践过程，才能深刻领悟解决问题所采用的思维与方法，同时结合理论学习，会加深对计算思维的理解并汲取相应的思维和方法。实验教学是大学计算机基础教学的重要组成部分，在培养学生综合运用计算机技术以及用计算思维处理问题的能力等方面具有重要意义。所以，我们应打破实验教学依附于理论教学的传统观念，树立理论教学与实验教学统筹协调的教育理念。

（一）理论教学与实验教学的协调关系

在知识建构方面，教育主要实现两个目标：第一个目标是尽可能地让学生积累必要的知识，第二个目标是需要引导学生不断地把大脑中积累和沉淀的知识清零，使其回到原始状态，让大脑有足够的空间发展新智慧。理论教学重在向学生"输入"知识，使学生处于吸收社会所需知识的持续积累过程，实现了教育的第一个目标。学生大脑接受新知识的容量因个体差异而不同，但终究是有限度的。因此，积累的知识如果没有得到"释放"，新的知识就难以进入大脑，这就是为什么"填鸭式"教学效果不佳的原因。实验教学重在将知识转变或内化为能力，就是将积累和沉淀的综合知识经过体验、感知和实践得以"释放"，这种"释放"并不是知识的减少，而是转化为学习主体的某种素质或某种能力，从而实现了教育的第二个目标。

理论教学和实验教学是矛盾对立的统一体，其对立性表现在理论教学向大脑"输入"知识，使知识不断增加，而实验教学将知识不断"释放"出大脑，使大脑原有储存和积累的知识不断减少；其统一性表现在二者统一于学习主体知识传授、素质提高、能力培养这个循环体中，学生进入使用知识的状态时，将在获得知识的同时发展相关的思维能力，更重要的是对知识的理解、运用和转化的能力。理论教学与实验教学是整个教学活动的两个分系统，它们既有各自的特点和规律，又处于一定的相互联系中。若两种教学形式各行其道，互不联系，就违背了教学规律。所以，必须正确把握二者之间的关系，将其有机融合起来，使教学活动成为理论教学和实验教学相互影响和相互促进的整体。

1. 传授知识与同化知识相互协调

知识不可能以实体的形式存在于个体之外，尽管理论教学通过语言赋予了知识一定的外在形式，并且获得了较为普遍的认同，但这并不意味着学习者对同一知识有同样的理解。只有在思维过程中获得的知识，而不是偶然得到的知识，才能具有逻辑的使用价值。个体针对具体问题的情境对原有知识进行再加工和再创造，这就是实验教学对知识接受者的同化过程。理论教学注重培养学生的陈述性知识，侧重于基础理论、基本规律等知识的传授，从理性角度挖掘学生的潜力，使学生的思维更具科学性；实验教学注重培养学生的程序性知识，侧重于拓展和验证理论教学内容，具有较强的直观性和操作性，把抽象的知识内化为能力和素质，从感性的角度培养学生的实践操作能力、分析问题和解决问题的能力，提高学生的综合素质。建构主义学习理论认为，知识是学习者在一定的情境即社会文化背景下，借助他人（包括教师和学习者）的帮助，利用必要的学习资料，通过建构意义的方式而获得的，即通过人与人之间的协作活动而实现。这种知识的获得仅通过理论教学是无法实现的，只有通过实验教学学生间、教师与学生间的协作才能实现。在高等学校的人才培养过程中，只有理论教学和实验教学互相协调、相得益彰，才能使学生更好地接受知识和领悟知识。

2. 提高素质与顺应素质相互协调

人的素质是指构成人的基本要素的内在规定性，即人的各种属性在现实人身上的具体实现以及它们所达到的质量和水准，是人们从事各种社会活动所具备的主体条件。素质是主体内在的，具有不可测量性，人的素质决定了知识加工和创造的结果。从教育的功能看，素质教育是人的发展和社会发展的需要，它以全面提高全体学生基本素质为根本目的，是尊重学生主体地位和主动精神、注重形成人的健全个性为根本特征的教育。素质教育贯穿高等院校人才培养过程的始终。目前，高等院校理论课程体系中渗透了很多素质型知识。由于高等学校教学条件和师资所限，教师只能进行"批量化的套餐式"教育，素质的内在规定性决定了仅靠理论教学难以达到提高学生素质的目的。实验教学通过模拟现实经济环境，学生根据自身的感知和理解，发现理论教学框架下建构的知识与现实经济环境不一致的地方，不得不按照新的图式重新建构，这种重新建构的图式将因个人素质不同而相异，是一种"个性化自助式"的顺应素质过程。在整个教学活动中，提高素质—顺应素质—再提高素质—再顺应素质是一个往复循环的过程，起点和终点间存在着难以辨识的因果关系。从教学体系看，只有理论教学提供了顺应素质的素材，实验教学在素质教育的过程中才能实现顺应素质的功能。提高素质和顺应素质必须相互协调，从符合学生认知规律的角度出发，将提高素质和顺应素质有机结合，才能实现理论教学和实验教学在素质教育中的最大效用。

3. 培养能力与平衡能力相互协调

一个人素质的高低通过能力来加以衡量。建构主义认为能力是指"人们成功地完成某种活动所必需的个性心理特征"，它有两层含义：一是指已表现出来的实际能力和已达到的某种熟练程度，可用成就测验来测量；二是指潜在能力，即尚未表现出来的心理能量，通过学习与训练后可能发展起来的能力与可能达到的某种熟练程度，可用性向测验来测量。心理潜能是一个抽象的概念，它只是各种能力展现的可能性，只有在遗传与成熟的基础上，通过学习才可能转化为能力。能力很难衡量，但却有高低之分。其中，能力培养的终极目标就是培养具有创新能力的高层次人才。创新能力的实现并不是一蹴而就的，而是通过低级能力向高级能力逐级实现的，当一种低级别的能力实现后，学生将向高一级别的能力进行探索和追求，学生个体通过自我调节机制使认知发展从一个能力状态向另一个能力状态过渡，这正是建构主义理论的平衡状态。理论教学为培养学生能力嵌入能力型知识，获取知识后，形成能力；实验教学通过"干中学"引导学生由一种能力状态向高级别能力状态探索，在探索过程中，需要理论教学的支持。创新能力就是在这种平衡—不平衡—平衡过程中催生出来的。

（二）理论教学与实验教学的统筹协调原则

高等学校的人才培养质量，既要接受学校自身对高等教育内部质量特征的评价，又要接受社会对高等教育外显质量特征的评价。以提高人才培养质量为核心的高等学校人才培养模式改革，必须遵循教育的外部关系规律与教育的内部关系规律，理论教学与实验教学统筹协调模式的设计应注重社会需求与人才培养方案协调。在坚持这一原则基础上，根据理论教学与实验教学的协调关系，还要坚持实验教学体系与理论教学体系必须统筹协调这一原则。

1. 社会需求与人才培养方案相协调

高等学校教学改革的根本目的是提高人才培养质量。教育学理论研究专家潘懋元指出："教育必须与社会发展相适应"，"教育必须受一定社会的经济、政治、文化所制约，并为一定社会的经济、政治、文化的发展服务"。高等学校的人才培养质量有两种评价尺度。一种是社会的评价尺度。社会对高等学校人才培养质量的评价，主要是以高等教育的外显质量特征即高等学校毕业生的质量作为评价依据，而社会对毕业生质量的整体评价，主要是评价毕业生群体能否很好地适应国家、社会、市场的需求；另一种是学校内部评价尺度。高等学校对其人才培养质量的评价，主要是以高等教育的内部质量特征作为评价依据，即评价学校培养出来的学生，在整体上是否达到学校规定的专业培养目标要求，学校人才培养质量与培养目标是否相符。教育的外部规律制约着教育的内部规律，教育的外部规律必须通过内部规律来实现。因此，高等学校提高人才培养质量，就是提高人才培养对社会的适应程度，考证社会需求与培养目标的符合程度。

2. 实验教学体系与理论教学体系相协调

实验教学与理论教学是一个完整的有机联系的系统，只有课程体系的总体结构、课程类型和内容等在内的各个要素统筹兼顾，才能达到整体最优化的效果。

把传统的教学过程中的课堂教学和实验教学分为彼此依托、互相支撑的两个有机组成部分，让课堂知识在实践过程中吸收和升华。根据人才培养目标和实验教学目标的形成机制和规律，在构建实验教学体系时，必须注意实验教学与理论教学的联系与配套，同时兼顾实验教学本身的完整性和独立性。在教育理念指导下，学校总体人才培养目标衍生理论课程教学目标和实验课程教学目标，根据社会需求与人才培养方案相协调的原则，产生理论教学课程体系和实验教学课程体系。在统筹兼顾的情况下，理论教学和实验教学课程体系联合产生专业教学计划，以满足学习主体岗位选择需要、行业选择需要和个性化选择需要。

3. 知识传授、素质提高以及能力培养相协调

知识、素质、能力是紧密联系的统一体。自柏拉图以来，许多教育家一直都倡导这样一种观点：教育不仅是授予知识，而且还在于训练，并形成能力。瑞士著名教育家戈德·斯密德也指出，大学教育应在传授知识的同时着重培养学生的多种能力。素质作为知识内化的产物，提高素质并外显为能力是教育教学的终极目标。最终实现知识内化为素质，素质外显为能力，主体在知识同化、素质顺应过程中达到能力平衡。个体素质和能力的不同对知识的理解和应用知识的能力会产生很大偏差。实践中，很多学生在利用科学知识过程中产生出谬论和错误的结果，其原因不在于知识的正确性，而在于其本身素质和能力尚未达到理解和应用知识的高度上。因此，在人才培养模式设计中要注重知识传授、素质提高、能力培养的相互协调。

二、"厚基础、勤实践、善创新"的教学目标

精讲是相对于理论教学而言的，教师要精选知识点来重组教学内容，讲课要突出重点和难点，讲授内容精髓，启发学生思维，引导学生思考。多练是相对于实验教学而言的，适当调节理论教学课时与实验教学课时的分配比例，让学生有更多的时间上机练习相关的计算机技术与方法。在教学理念上，总体指导思想是由无意识、潜移默化变为有意识、系统性地开展计算思维教学，讲知识、讲操作的同时注重讲其背后隐藏的思维。在教学方法上，突出对应用能力和思维能力的培养，通过对教学方法的改革展现计算机学科的基本思想方法和计算思维的魅力。

（一）理论教学方面

理论教学目标从知识传授转变为基于知识的思维传授。学生在学习计算机理论性稍强的内容，如计算机系统组成、计算机中数的表示时，感到抽象难懂，但这些内容又是理解和认识计算机学科的基础。教师在讲授这样的内容时应精心设计教学内容、案例，挖掘隐藏在知识背后的思维，讲授时简化细节，突出解决问题的思路。转变先教后学的教学方式为先学后教。大一新生对计算机基础课程中很多内容已有不同程度的掌握，学习这部分内容时，可以在讲授前通过给学生布置任务、作业，让学生结合具体的任务或问题先自学，教师课堂上引导学生对问题进一步理解，这样能使学生更深刻理解学习内容，培养自主学习能力、训练思维。一些内容还可让学生先准备，课堂上以讨论的方式进行，如计算机的历史与未来、计算机对人类社会发展的影响、身边的信息新科技等内容时，让学生在上课前先思考、学习，课堂上教师引导学生有效地思考、讨论，逐步开拓思维，培养学生分析问题的能力。

（二）实践教学方面

实践教学目标应注重实用性、趣味性和综合性。实践教学是计算机基础教学的重要环

节，对培养学生计算机应用能力起着至关重要的作用。目前，计算机基础实践教学中还存在许多问题，如教学内容更新缓慢、学习的内容往往不是当前的主流技术；实践内容的选取脱离学生学习生活实际，与学生所学专业脱节，不能学以致用，难以激发学习兴趣；实践内容安排不够紧凑，教师的答疑引导不及时；上机实践过程的监控管理不到位等。针对这些问题，在实践教学中应注重做好以下两方面的工作。

1. 紧跟计算机技术的发展，及时更新教学内容、实验环境。学生学到当前主流技术，才能够强化实际应用能力，培养实用型的计算机应用人才。设计实践内容时，增强趣味性，案例贴近学生实际、结合学生所学专业，以激发学生学习兴趣，引起心灵共鸣。在设计实验内容时，除一些让学生掌握基本知识、技能的基本型题目，还应适当设计一些综合性的题目，让学生感到所学内容实用、有用，能解决学习生活中的实际问题。

2. 规范上机实训流程，强化总结反思环节。典型上机实训教学的展开，可按照"布置任务—学生实作、教师巡回指导—讲解总结"的顺序进行。实训前，教师首先布置上机任务，并对上机目标、内容、方法和注意事项等进行必要的介绍和说明。明确了任务，方法得当，学生才能够按照要求完成上机作业。巡回指导，及时发现学生在上机中的疑问，及时解答、指导，保障练习过程的顺利进行，同时摸清学生实训情况，进而能够在下一阶段的讲解总结中有的放矢地进行。讲解总结是上机实践的最后一个环节，也是一个非常重要的环节。教师的讲解总结，不仅使学生掌握具体题目的操作方法，更要让学生领会解决问题的思路，锻炼举一反三的能力，引导学生进行拓展迁移，帮助学生反思内化。

站在理论教学和实验教学相结合的高度去深化计算机基础教学改革要分别对理论教学和实验教学的组织结构进行实质性的整合，从体制上保证各项改革的顺利推行，统筹配置，实现教学资源的优化重组，创建将教学与实验融于一体的"生态环境"，切实提高计算机基础教学质量，从而发挥最大的教学效益。创新计算机基础教学管理体制和运行模式，实现理论教学与实验教学的融合，保障教学运行高效顺畅，教学效益明显提高。

第七章　基于计算思维的人才培养模式设计与构建

第一节　计算思维研究

一、计算思维概述

目前，国际上广泛认同的是 2006 年美国卡内基梅隆大学 Jeannette M.Wing 教授发表的计算思维（Computational Thinking，英文缩写 CT），她提出：“CT 是运用计算机科学的基础概念进行问题求解、系统设计，以及人类行为理解的涵盖计算机科学之广度的一系列思维活动。”她认为，不仅仅是属于计算机科学家，这种思维是每一个人的基本技能。我们应当在培养孩子解析能力时除了掌握阅读、写作、算术等之外，还要学会 CT。正如印刷出版业促进了阅读、写作、算术等的发展，计算和计算机也将促进 CT 的传播和发展，她认为，CT 将来的某一天，将成为每一个人技能的一部分，CT 的明天就犹如普适计算的今天。目前，这一概念性观点得到了国际国内计算机专业界、教育教学业界、社会学界、哲学界等涵盖基础理论学科、工程技术学科等专家、学者的大力关注和研讨。

Jeannette M.Wing 教授指出：“CT 是通过约简、嵌入、转化和仿真等方法，把一个看来困难的问题重新阐释成一个我们知道怎样解决的问题；CT 是一种递归思维；CT 采用了抽象和分解来迎接庞杂的任务或者设计巨大复杂的系统；CT 是按照预防、保护及通过冗余、容错、纠错的方式从最坏情形恢复的一种思维；CT 就是学习在同步相互会合时如何避免‘竞争条件’（亦称‘竞态条件’）的情形；CT 利用启发式推理来寻求解答，就是在不确定情况下的规划、学习和调度；CT 利用海量数据来加快计算，在时间和空间之间，在处理能力和存储容量之间进行权衡。”

Jeannette M.Wing 教授给出 CT 以下几个方面的特征：“①概念化，不是程序化；②根本的，不是刻板的技能；③是人的，不是计算机的思维方式；④数学和工程思维的互补与融合；⑤是思想，不是人造物；⑥面向所有的人，所有地方。”她指出，当真正融入人类活动的整体以致不再表现为一种显式之哲学的时候，它就将成为一种现实。

CT 的本质和标志是抽象和自动化，它是以可行和构造为特征的构造思维，是以程序化、形式化（层次化）、机械化（结构化）为根本的思维。有学者指出，Jeannette M.Wing 教授的 CT 是"最近十年来计算科学和计算机科学中最具基础性和长期性的重要学术思想。"

二、计算思维的发展阶段划分

CT 不是今天才有的，它早就存在于中国的古代数学之中，只不过周以真教授使之更清晰化和系统化。本节以时间为线索，提出了萌芽时期、奠基时期、混沌时期、确立时期的阶段划分方法，对 CT 的形成和发展过程进行全面的分析。

（一）计算思维萌芽时期

计算是人类文明最古老而又最时新的成就之一。从远古的手指计数、结绳计数，到中国古代的算筹计算、算盘计算，到近代西方的耐普尔骨牌计算及巴斯卡计算器等机械计算，直至现代的电子计算机计算，计算方法及计算工具的无限发展与巨大作用，使计算创新在人类科技史上占有异常重要的地位。众所周知的高科技医疗器械"CT"（此处不指代计算思维，而是射线技术与计算技术相结合的创新），其理论的首创者和器械的首创者共同获得了 1979 年诺贝尔医学和生理学奖。其他与计算有关的诺贝尔奖获得者还有：威尔逊因重正化群方法获 1982 年物理学奖，克鲁格因生物分子结构理论获 1982 年化学奖，豪普曼因 X 射线晶体结构分析方法获 1985 年化学奖，科恩与波普尔因计算量子化学方法获 1988 年化学奖。而闻名遐迩的中国科学大师华罗庚的"华—王方法"，冯康的有限元方法，以及吴文俊的"吴方法"，也均是与计算有关的重大科学创新。尽管取得了如此巨大的成绩，但是此时的计算并没有上升到思维科学的高度，没有思维科学指导的计算具有一定的盲目性，且缺乏系统性和指导性。另外，思维方式是人类认识论研究的重要内容，已有无数的哲学家、思想家和科学家对人类思维方式进行过各具特色的研究，并提出过不少深刻的见解。在思维的纵向历史性方面，恩格斯曾有精辟的论述："每一时代的理论思维，包括我们时代的理论思维，都是一种历史的产物，在不同的时代具有非常不同的形式，并因而具有非常不同的内容。因此，关于思维的科学，和其他任何科学一样，是一种历史的科学，关于人的思维的历史发展的科学。"而在思维方式横向分类方面，也有不少普遍被认可的成果：抽象逻辑思维与形象思维、辩证思维与机械思维、创造性思维与非创造性思维、社会群体思维与个体思维、艺术思维与科学思维、原始思维与现代思维、灵感思维与顿悟思维等。但是，此时的思维方式仅仅是认识论的一个分支，没有提升到学科的高度，缺少完整的学科体系。

20 世纪 80 年代，钱学森在总结前人研究的基础上，将思维科学列为十一大科学技术门类之一，与自然科学、社会科学、数学科学、系统科学、思维科学、人体科学、行为科学、军事科学、地理科学、建筑科学、文学艺术并列在一起。经过 20 多年的实践证明，在钱学森思维科学的倡导和影响下，各种学科思维逐步开始形成和发展，如数学思维、物理思维等，这一理论体系的建立和发展也为其萌芽和形成奠定了基础。因此，将这一时期称为 CT 的萌芽时期。

（二）计算思维奠基时期

自从钱学森提出思维科学以来，各种学科在思维科学的指导下逐渐发展起来，计算学科也不例外。1992 年，黄崇福给出了 CT 的定义：CT 就是思维过程或功能的计算模拟方法论，其研究的目的是提供适当的方法，使人们能借助现代和将来的计算机，逐步达到人工智能的较高目标。2002 年，董荣胜提出并构建了计算机科学与技术方法论：对 CT 和计算机方法论的研究得出，CT 与计算机方法论虽有各自的研究内容与特色，但它们的互补性很强，可以相互促进，计算机方法论可以对 CT 研究方面取得的成果进行再研究和吸收，最终丰富计算机方法论的内容；反过来，CT 能力的培养也可以通过计算机方法论的学习得到更大的提高。同时还指出，两者之间的关系与现代数学思维和数学方法论之间的关系非常相似。另外，2005 年陈文宇这样描述 CT 能力："它是形式化描述和抽象思维能力以及逻辑思维方法，它在形式语言与自动机课程中得到集中体现。"

在这一时期，尽管出现了"CT"，但并没有引起国内外计算机学者的广泛关注。直到 2006 年，周以真教授将详细分析并阐明其原理以 Computational Thinking 命名发表在 ACM 的期刊上，从而使这一概念一举得到了各国专家学者乃至包括微软公司在内的一些跨国机构的极大关注。与前面的成果相比较，周以真教授提出的 CT 更加清晰化和系统化，并具有可操作性，为国内外 CT 发展起到了奠基和参考的作用。因此，将这一时期称为 CT 的奠基时期。

（三）计算思维混沌时期

2006 年以后，国内外计算机教育界、社会学界以及哲学界的广大学者围绕周以真教授的"CT"进行了积极的探讨和争论。学者们依据自己的知识背景、从不同的视角提出了一些新的观点。2008 年 1 月，周以真教授针对计算领域提出了什么是可计算的？什么是智能？什么是信息？我们如何简单地建立复杂系统等 5 个深层次的问题，并进行了详细的叙述。她认为，计算机科学是计算的学问——什么是可计算的？怎样去计算？而就这个原因提出了计算思维的以下特征："概念化，不是程序化；根本的，不是刻板的技能；是人的，不是计算机的思维方式；数学和工程思维的互补与融合；是思想，不是人造物；面向所有的人，所有地方。"同年 7 月，她在《CT 和关于思维的计算》文章中指出：CT 将影响每一个奋斗领域的每一个人，这一设想为我们的社会，特别是为我们的青少年提供了一个新的教育挑战。关于思维的计算，我们需要结合我们的三大驱动力领域：科学、科技和社会，社会的巨大发展和科技的进步迫切要求我们重新思考最基本的科学的问题。

桂林电子科技大学计算机学院的董荣胜教授支持周以真教授的这种观点，他指出计算机方法论中最原始的概念："抽象、理论、设计"与 CT 最基本的概念："抽象和自动化"

都反映的是计算最根本的问题：什么能被有效地自动执行。河北北方学院与河北师范大学郭喜凤等人指出，周以真教授的 CT 仅是一种观点在发表，目的是为吸引更多有志青年学习计算机科学，而这种观点既没有考虑选择计算机科学学习的经济学分析，又与 CC2005 中将 Computing（对应国内的计算机或计算机科学）划分为的计算机科学、计算机工程、软件工程、信息工程和信息系统的范围存在明显的不一致。在对比 Computational 和 Computing 的基础上，认为前者的概念相对后者而言更具体、更狭窄，从而指出周以真教授的 CT 具有一定的局限性，并认为信息学思维或计算机思维才能更好地对应 Computing Thinking。与此同时，国防科技大学人文学院的朱亚宗教授站在人文历史的基础上，把 CT 归类为三大科学思维（实验思维、理论思维、CT）之一。

目前，CT 究竟是一种什么思维？它具有什么样的作用？对将来社会有何影响？不同的学者对这些问题的认识分歧较大，从而形成了当今这样一个混沌的局面。因此，称这一时期为 CT 的混沌时期。

（四）计算思维确定时期

中国高等学校计算机基础课教学指导委员会 2010 年 5 月在安徽合肥的会议中要求将 CT 融入计算机基础课程中去传授，以此培养高素质的研究型人才；7 月在陕西西安的 C9 会议上要求正确认识大学计算机基础教学的重要地位，要把培养学习者 CT 能力作为计算机基础教学的核心任务，并发表了《九校联盟（C9）计算机基础教学发展战略联合声明》，建立了更加完备的计算机基础课程体系和教学内容，为全国高校的计算机基础教学改革树立了榜样；9 月，组委员决定将合肥会议与西安会议的研究材料上报教育部，以 "CT：确保学习者创新能力" 为主题申请立项对 CT 在学科教学中的作用进行全面研究；11 月在济南会议中，深入研讨了以 CT 为核心的计算机基础课程教学改革，并结合前期在太原召开的 CT 研讨会的结论形成以 "CT 能力培养为核心推进大学通识教育改革的研究与实践" 结果，并上报到教育部申请国家立项探讨。

三、计算思维在国内外发展情况

（一）计算思维在国外发展情况

目前，在国外的发展仍然是 2006 年美国卡内基·梅隆大学 Jeannette M.Wing 所论述的 Computational Thinking 观点。自从她提出此观点之后，引起了美国教育界的关心和关注，ACM（美国计算机协会）、ATM（美国数学研究所）、CSTA（美国计算机科学技术教学者协会）等众多机构都参与到了对 CT 的研究中来。于 2007 年，Jeannette M.Wing 教授在卡内基·梅隆大学成立了 CT 研究中心，并修订了卡内基·梅隆大学一年级学习者的课程，从而激发非计算机专业学习者的 CT 能力。同时，美国国家基金也设置资助项目推荐 CT 的发展，该中心主要通过面向问题的一些研究促进 CT 在计算科学中的价值。

2008 年，ACM 在网络中公布的对 CC2001 的中期审查报告草案显示出，他们将计算机导论课程与 CT 绑定在一起，要求在计算机导论课程中讲授 CT；CSTA 也发布了得到微软公司支持的 Computational Thinking：A problem solving tool for every classroom（CT，一个所有课堂问题解决的工具）；CT 还促成了 NSF（美国国家科学基金会）的 CDI（Cyber-Enabled Discovery and Innovation 能够实现的科学发现与技术创新）计划，CDI 计划的根本目的是借助 CT 思想和方法促进国家自然科学、工程技术领域发生重大变革，以此改变人们思维的方式，从而使国家现代科技遥遥领先于世界。而且，目前卡内基·梅隆大学在 NSF 的支持下，正在设计一个全新的高级课程，该课程包含了计算机和 CT 的基本概念。美国另外五所大学——北加利福尼亚—克罗多大学、伯克利分校、丹佛州立大学、圣地亚哥大学以及华盛顿大学正在制订该课程的翻译本。目前相应的高中、学院以及大学都参与到了其中，这个项目的发起者囊括了美国的专业组织、政府机构、学者以及相应的行业人员，其目的是提高 K-14 中教学者和学习者的 CT 能力（即小学、中学、大学一年级和二年级）。

对此，倡导计算机科学研究和教育的主要机构 CRA（计算机研究协会）把"匹兹堡——年度计算机研究协会（CRA）杰出服务奖"颁发给了卡内基·梅隆大学的 Jeannettem M.Wing 教授，以此表彰她帮助定义了计算机科学的现状和可能的发展。

CT 的提出不仅在美国引起了强烈反响，对英国等欧洲国家也影响极大，在爱丁堡大学，涉及哲学、物理、生物、医学、建筑、教育等各种探讨会上都在探索与 CT 相关的学术和工程技术问题，BCS（英国计算机学会）组织专家对 CT 进行研讨，并提出了 CT 在欧洲发展的行动纲领。

（二）计算思维在国内发展情况

我国对 CT 的关注源于高等学校计算机教育研究会于 2008 年 10 月在桂林召开的关于 "CT 与计算机导论"的专题学术研讨会，此会议专题探讨了科学思维与科学方法在计算机课程教学中的推动和创新作用。对此，多数高校在研讨会之后分别在自己所在高校开展了关于 CT 的研究。桂林电子科技大学计算机学院也开设了以 CT 为核心的计算机导论精品课程。

中国科学院计算所所长李国杰 2009 年 7 月在 NOI 2009 开幕式和 NOI 25 周年纪念会上强调 NOI 将从 CT 中去培养，并在 9 月出版的《中国 2050 年信息科技发展路线图》一书中表示，对 CT 的培养是克服计算机学科"狭义工具论"的有效手段和途径；在 11 月发表的"中国信息技术已到转变发展模式关键时刻"一文中表示"20 世纪后半叶是以信息技术发明和技术创新为标志的时代，预计 21 世纪上半叶将兴起一场以高性能计算和仿真、网络科学、智能科学、CT 为特征的信息科学革命，信息科学的突破可能会使 21 世纪下半叶出现一场新的信息技术革命。"中国科学院在 2010 年的春季战略规划研讨会中要求人、机、物等信息社会存在的多样性在 CT 的定位中寻找正确的方向。自动化所的王飞跃教授也就此研究发表了 CT 与计算机文化的文章。

中国高等学校计算机基础课程教学指导委员会 2010 年 5 月在安徽合肥的会议中要求将 CT 融入计算机基础课程中去传授,以此培养高素质的研究型人才;7 月在陕西西安的 C9 会议上要求正确认识大学计算机基础教学的重要地位,要把培养学习者 CT 能力作为计算机基础教学的核心任务,并发表了《九校联盟(C9)计算机基础教学发展战略联合声明》,建立了更加完备的计算机基础课程体系和教学内容,为全国高校的计算机基础教学改革树立了榜样;9 月,组委员决定将合肥会议与西安会议的研究材料上报教育部,以"CT:确保学习者创新能力"为主题申请立项对 CT 在学科教学中的作用进行全面研究;11 月在济南会议中,深入研讨了以 CT 为核心的计算机基础课程教学改革,并结合前期在太原召开的 CT 研讨会的结论形成了以"CT 能力培养为核心推进大学通识教育改革的研究与实践"结果,并上报到教育部申请国家立项探讨。2011 年 6 月,组委员在北京召开了以"CT 为导向的计算机基础课程建设"为主题的研讨会,围绕 CT 的实质和如何在计算机基础课程中开展以及自己本校开展情况进行集中讨论;8 月,在深圳召开了计算机基础课程第六次教学指导委员会高层会议,主要探讨以研究 CT 为主题向教育部、科技部、国家自然科学基金委申请立项研究在教学中培养研究的问题;11 月,在杭州召开了第 7 次会议,主要审议第六次会议工作内容,并最终呈交了正式立项申请报告。2012 年国家科技计划信息技术领域备选项目推荐指南里的"基础研究类"的先进计算中,我国学者推荐立项开展"新一代软件方法学及其对 CT 的支撑机理"的研究。

四、计算思维能力培养方法论的创建

目前,教育领域虽然对学习者 CT 能力的培养已经逐渐展开。一些国家的教育主管部门或教育组织也非常重视对学习者 CT 能力的培养,并把 CT 能力的培养纳入课程的考核体系。但是,目前 CT 能力的培养仍然处于一个摸索阶段,还没有形成一套完整的方法论体系。除西安会议的"九校联盟"院校外,我国其他院校的教学者在教学中对学习者 CT 能力的培养仍然是小规模的、探索性的。

在我国,已出版有《计算机科学与技术方法论》《计算机科学导论——思想与方法》等完整的计算机方法论方面的学术专著,同时教育部高等教育指导委员会组织相关部门、部分高校也相继召开了多次会议,并以 CT 能力培养为基础申请了相应项目立项等工作,这些为 CT 方法论建立奠定了基础。但是,如何针对当前学校教学的特点,在教学过程中对学习者进行 CT 能力的培养是 CT 研究及其发展需要重点解决的问题。

随着新课程教学改革的深入,作为培养学习者科学思维和科学方法的基于计算思维能力培养为核心的课程教学改革目标得到广大学者、专家和教学者的认同和关注。作为培养核心能力的"计算思维"教学和学习模式建构也成了这一核心能力实现的焦点。之所以以"计算思维"的方法为直接手段建构培养"计算思维"能力的改革手段,是为了更好地对抽象的"计算思维"做出更直观、更完全的描述，从而有助于研究者和计算学科爱好者的理解和分析。基于"计算思维"的一系列教学模式和学习模式的建构是基于相关理论和方法，通过对相关理论的分析和对课程教学的实践经验总结，对基于计算思维的教学过程做出说明和解析。对计算思维系列教与学的模式探讨有助于推进广大学者对创建教学和学习模式过程的理解，并将该系列模式应用于课程教学活动当中，促进学习者对计算思维方法的掌握以及能力的提高。

教学模型构建的教学宗旨是讨论教学活动中教学者如何引导学习者运用计算思维的方法去完成相应的学习任务，学习模型的宗旨在于讨论学习者在基于教学者教学活动的基础之上如何更好地根据教学者的教学引导，合理、有效地展开基于网络环境下计算思维方法应用的自主学习活动。

第二节　模式与教学模式

一、模式

"模式"一词涉及面较广，"模式"原本源于"模型"一词，本来的意思是用实物做模的方法，在我国的《汉语大词典》中解释为"事物的标准样式"。《说文解字》："模法也"，即指"方法"。《辞源》对"模"有种解释：一是模型、规范，二是模范、范式，三是模仿、效仿。《辞海》对"模"的解释为：一是制造器物的模型，二是模范、榜样，三是仿效、效法；从字面上看，"式"有样式、形式的意思，所以，"模式"即是包含了事物的内容和形式。《国际教育百科全书》则把"模式"解释为是变量或假设之间的内在联系的系统阐述。现在大多数人认为："'模式'即是解决一类问题方法论的总称，把解决问题的方法总结到理论的高度，即成了模式。

学者查有梁从科学方法论的角度对"模式"发表了他的看法："模式"是一种重要的科学操作与科学思维方法。它是为解决特定的问题，在一定的抽象、简化、假设条件下，再现原型客体的某种本质特性。它是作为中介，从而更好地认识和改造原型、构建型客体的一种科学方法。从实践出发，经概括、归纳、综合，可以提出各种模式，模式一经被证实，既有可能形成理论；也可以从理论出发，经类比、演绎、分析，提出各种模式，从而促进实践发展。模式是客观实物的相似模拟（实物模型），是真实世界的抽象描写（数学模式）是思想观念的形象显示（图像模式和语义模式）。在他的解释中，"模式"不仅是模型、模范等的意思，更有科学操作和科学思维方法论，不仅是一种规范，让别人效仿，更是一种解决问题的思维方式。

当前，对"模式"的研究越来越多，各个领域和各个学科的专家学者分别以自己的研究对象为背景，提出了各种各样的"模式"，对"模式"的原理、范围，如何建立"模式"、选择"模式"和应用"模式"都有一系列系统的研究，逐渐发展成为"模式论"研究。而站在"模式论"的高度，正好吻合查有梁先生对"模式"的解读，人类在解决某一问题的过程当中，首先是通过分析研究从而提出问题，再利用系列理论基础，总结概括出解决问题的方法。久而久之，通过对实例的论证得出解决问题的一套系统方法，形成稳定的结构模式。因此，对问题进行模式化方法的研究，能使我们对所解决问题的每个环节做到准确认识，在基于理论的基础上同时又能做到对实际的操作来论证，使整个问题完全系统化展现，当需要修改时，又可按模式的各个步骤返回"原型"进行针对性修改。

二、教学模式

（一）教学模式的含义

国外专家乔伊斯等认为，"'教学模式'是构成课程和教学，选择合理教材，让教学者有步骤完成教学活动的模型和计划。并进一步指出：'教学模式'就是'学习模式'，因为教育的根本目的就是为了使学习者更容易更有效地进行学习，因为在此，他们不仅获取了知识，更掌握了整个学习的过程。"国内学者何克抗等人认为："教学模式是指在一定的教育思想、教学理论和学习理论指导下的、在一定环境中展开的教学活动进程的稳定结构形式。"其实，还有很多"教学模式"的定义，在这里就不一一列出了。总之，"教学模式"就是教学者在一定教学理论、学习理论、教学思想的指导下，为在教学过程中实现预定的教学目的，采取各种方法和策略将教学的各个知识点衔接起来，使学习者掌握学习方法，享受到知识的理论教学框架结构，并且其他教学者也可运用此教学结构达到相同或相似的教学目标的稳定结构形式。"教学模式"既是教学理论与教学方法实施的过程，同时也是教学经验的系统性概括，它既可以是教学者从自己实际工作中摸索，也可是进行理论探究之后提出假设，并在教学实践的多次验证中得到。

（二）教学模式的结构

作为现代的教育工作者，特别是长期战斗在教育一线的教育工作者，他们每一位其实都有一套属于自我风格的教学方式，这可以说是他们自己个人的"教学模式"，一旦在他们教学中产生良好的教学效果，那么就可以推广他们的教学方式。

一般情况下，一种教学模式的形成必须有相应的一教学理论和学习理论指导思想、教学目标、教学过程的方案、实现条件、教学组织策略、教学效果评估等环节。

教学理论与学习理论指导思想即是教学者要具备教育教学的基本素养，能够在该思想的指导下进行知识的讲解并掌握学习者对知识的接受程度；教学目标是教学模式的核心，整个模式都是围绕目标的实现而创建的。因此，准确把握并定位教学目标是形成合理教学模式的基本准则，是检测教学模式在学习者身上产生什么结果最根本的要求。教学目标的设定需要准确而有意义，它的设定直接导致教学模式的操作和整个教学模式结构的定位；教学过程方案是为了使教学者更好地把握整个教学模式，它是教学者教学和学习者学习的具体步骤，是整个教学具体规定和说明；实现条件是指教学模式要产生作用，达到预定目的的各种条件之和；教学组织策略是指整个教学活动中，所有教学手段、方法、措施等的总和；教学效果的评估是指对教学活动的结果进行评判的标准和方法，一般情况下，不同的教学模式都应该有不同的评价标准和评价方法。

（三）基于思维的教学模式的特性

对教学模式的研究，不同的学者有不同的研究角度，有的从教学者和学习者的关系去分析，有的根据教学目标去研究，有的把重点放在教学手段上，有的根据教学组织策略，有的从课程的性质去把握，有的根据时代意义去设计和研究，在教学模式的研究上可以说是五花八门，研究方向和研究手段多样化，但是都有一些共同的特点。

1. 独立性

思维是属于人类特有的活动。以思维的方式创建教学模式，具有独立的特性。

教学模式是在一定的教学理论和学习理论的指导思想下产生的，由人以思维的特性创建出的教学模式具备思维的特性，当然这里的独立不是指整个教学模式是独立的，而是指该教学模式是在人类思维的控制下建立的，因此它会根据人们自身的调节呈现出它自己区别于其他教学模式的独立特点。

2. 逻辑性

思维是具有逻辑的。人们在思考问题时是根据一定的规律进行判断的。所以，该教学模式从提出问题到推理整个教学的过程都是按照一定的逻辑顺序进行的。

3. 灵活性

思维本身是灵活的。因此，以思维为中心的教学模式能够根据整个教学活动的具体情况灵活地进行变化，及时地变换原来的模式结构，但又不会对整个结构的效果进行改变。它能使教学者和学习者根据自身的情况灵活地调节方案，但却又有方向上的指向性。

4. 操作性

教学模式是为教学者和学习者提供参考的。因此，在教学模式指导下的教学活动策划人是能够理解、把握和使用的，并且还需要有一个相对稳定、明确的操作步骤，这也是以思维为中心的教学模式区别于教学理论的特性。

5. 整体性

整个教学模式的过程是一个完整的系统工程。它有一套完整的系统理论和结构机制，而不是集中教学理论的杂合体。在使用时，必须从整体上把握整个教学模式的框架结构，不能仅仅是模仿，如果使用者不仔细的揣摩和领会其中的精髓，那么达不到预期的效果，只能从形式上描摹罢了。

6. 开放性

教学模式是由经验到总结，由总结到形成理论，由理论到运用，由不成熟到成熟，并逐渐完善和形成的。虽然教学模式是一种稳定的教学结构形式，但这并不表示教学模式一旦形成就一成不变。时代在发展，教学模式也会根据教学的内容、教学的理念进行改变和发展。所以，这就需要我们教学者在不断的实践中不断摸索新的方法，去丰富和完善教学结构模式。

（四）教学模式的功能及其对教学改革的意义

教学模式以简单明了的形式为我们表达出科学的思想和理论，以思维为核心培养的教学模式具备如下四个功能。

1. 掌握科学思维和方法的功能

由于整个模式的构建是基于思维为中心建立的，因而在教学者实施该教学模式时，整个教学活动的进行过程已经将科学的思维方法传授给学习者了，学习者在其中不但接受了来自于教学者的知识，同时还亲身领会了整个过程，享受了思维过程。

2. 推广优化作用

一旦整个教学框架变成了一种固定的教学模式，那么该教学模式就是多个教学经验丰富的老师一切优秀教学成果的浓缩。当其他教学者使用该教学模式时又会添加进自己对教学模式的成果，不断改进和推广教学模式的展开和延伸。

3. 诊断预测作用

当教学者在实施教学活动时，打算和将要采取某种教学模式时，一般都需要先预定教学目标是否能实现。根据不同的教学目标、课程内容、教学手段、教学策略，教学者会预先对整个教学情况进行诊断。"譬如，这样教学的结果能否实现教学目标，这样实施的教学过程是否恰当等等。"如教育家夸美纽斯的教学模式："感知、记忆、理解、判断"，赫尔巴赫的教学模式："明了、联合、系统、方法"等。其实都在教学者开展教学活动时已经明确了整个教学过程要实现的目的是什么，这样做的目的大致能得到什么样的结果。

4. 系统进化功能

教学模式除了要求教学者完成对学习者知识的传授和方法的传递之外，还有一点是教学者自身检测的功能。教学模式是从"实践—经验—实践—理论"或者"理论—实践—理论"的过程，其中前者是经验工作者在具备一定实践的基础之上拥有了某种经验，再推广到实践中运用再形成方法论的理论模式供其他人学习和使用的过程，后者是教学工作者先根据教育教学理论先摸索方法形成框架，再用于实践中论证，发现结果和预期一样再形成理论框架供其他人学习的过程。所以，当教学者在使用或者借鉴他人的教学模式的同时也在改进自身知识结构，同时也是对原有教学模式进行系统优化的过程。

三、基于科学思维构建教学模式

（一）科学思维的内在要求

在前面的研究当中，已经分析了科学思维的相关概念和特性，计算思维作为一种典型的科学思维方法，所以具备科学思维的所有特性，科学思维是动态的体系结构，涵盖内容、目的、过程等各个方面。第一，科学思维的目的是对客观世界进行分析和认识，这一分析和认识主要表现在事物之间相互关联的因果关系，在科学的领域建构模型是为了解决因果的系列问题；第二，科学思维要求内容与过程相互联系。因此，构建基于思维的教学模型必须满足这二者的关系。因为模型不但是体现科学思维的材料，同时还是科学思维作用的产品，并且建构的教学模型遵循了确定题目、解析题目、判断题目、探讨题目的过程。

（二）现有教学模式的启发

大教育家杜威说过："持久地改进教学方法和学习方法的唯一直接途径在于把注意集中在要求思维、促进思维和检验思维的种种条件上。在学校教学中，教学手段和学习方法是需要不断改进的，教学者教学活动中采取的探究式教学、抛锚式教学、任务驱动式教学、自主学习等教学和学习活动也随时代的进步和发展发生相应的变化。在当前计算思维方法深入课程教学培养要求越演越烈的情况下，再运用目前已经基本成熟的各种教学和学习模式，把新的计算思维方法融合进去，达到改进原有教学和学习模式，完善这种教学模式缺少计算思维能力培养和应用这样一个环节，使学习者在掌握计算机学科思想和方法的基础上，运用计算思维方法去学习和工作，达到内化能力的目的。

第三节　基于计算思维的探究式教学模式的构建

一、构建依据

如前所述，有关探究式教学的理论基础和实践操作需要进一步研究，探索以思维为核心的探究式教学模式，对于探究式教学的理论和计算思维的发展具有重要的意义。基于计算思维的探究式教学模式的研究，应该从探究式教学的问题提出、问题探究、问题解决方法三个方面的变量进行建构。

（一）问题提出

"探究教学模式指的是在教学者指导下，学习者通过以'自主、探究、合作'为特点的学习方式对目前教学内容的知识点进行自主探究学习,并进行同学之间的相互交流协作,从而达到掌握课程标准的对认知目标和情感目标要求的一种教学模式。认知目标即是对学科概念、知识、原理、方法的理解和掌握,情感目标即是感情、态度、思想道德以及价值观的培养等,其中重要的是提炼出合理的探究式问题。"问题提出的主要依据是紧扣课程目标的要求,探究式问题的提出由认知目标和情感目标共同确定。

(二)问题探究

探究式教学问题探究环节其实质是对问题进行分布解决的过程设计,基于探究式教学和学习过程一般步骤包括对问题的提炼并反映目标要求,搜集分析问题的情景、问题解决方案、得到结果,学习同伴相互交流、进行学习评价,通过查阅文献,分析学习。得到基于探究式教学的基本环节就是:提出问题、情景分析、问题分析、问题解决、得出结果、总结评价。

(三)解决方法

传统的探究式教学在解决方法中没有刻意地去强调和要求,而对于基于计算思维的探究式教学模式,在解决方法上是一个重点环节,所以在第一环节的问题提出和第二环节的问题探究都必须考虑到计算思维的因素,在各个环节都需要加入计算思维方法的因素,运用计算思维的方法贯穿整个探究式教学的过程。在考虑运用方法时,应该考虑四个层次的模型结构,以此形成完整的模式结构模型。

二、基于计算思维的探究式教学模式 ITMCT 模型的构建

ITMCT 教学模型分成五个步骤,分别是创设情境、运用计算思维方法启发思考、运用计算思维方法自主探究、运用计算思维方法协作学习、根据课程教学的实际情况总结提高;学习者活动分为形成学习心理,思考学习计划,收集材料加工内容,相互协作讨论,自评、自测、互评、拓展、迁移知识;教学者教学活动分为提炼探究问题,引导学习者思考、启发性学习,协助提供学习资源,为学习者提供必要的帮助以及总结分析学习成效。教学模式模型的特点是以计算思维方法贯穿教学者和学习者整个教与学的全过程为核心要素,也即是计算思维贯穿在整个结构模式的五个步骤当中。

三、ITMCT 教学模型形式化

(一)探究式教学理论基础形式化研究

"探究性教学模式是指在教学过程中,要求学习者在教学者指导下,通过以'自主、探究、合作'为特征的学习方式对当前教学内容中的主要知识点进行自主学习、深入探究并进行小组合作交流,从而较好地达到课程标准中关于认知目标与情感目标要求的一种教

学模式。探究性教学模式的基本特征即可用一句话来概括：'主导与主体'相结合的教学方式，既重视发挥教学者在教学过程中的主导作用，又充分体现学习者在学习过程中的主体地位。在计算机课程教学中，各种科学知识都可以运用探究式教学逐渐展开。为了充分的表达整个教学活动，将其建立为如下的数学函数表达：

Q=F（AT，AS，P）

式中，Q 表示探究式教学模式，F() 是一个过程函数，AT 是教学者的动作集，人是学习者的动作集，表示所提出的探究性问题。通常，围绕 P 的 AT 和 AS 越多，教学者和学习者之间的交流、知识的迁移和拓展等就越能实现。在"双主"条件下的探究式教学中，AT 和 AS 在原则上基本上是一致甚至等同的。教学者运用 AT 中的系列教学手段和方法引导学习者从 AS 的这些方面去思考问题的解决方法和技巧。

一般情况下，AT 和 AS 具有如下动作集：

AT={q，i，r，h，c}

AS={l，t，a，d，m}

其中 AT 中 q 表示设置探究性问题，激发学习动机和探究动机，i 表示提出启发性问题，提供学习策略等的指导，r 表示提供学习资源、方法的指导以及提供认知工具，监控学习者学习的整个过程，h 表示提供问题解决的工具以及协作策略的指导等，c 表示点评、总结，提出拓展性问题和迁移性知识；AS 中 l 表示进入学习情境，形成学习心理，t 表示根据教学者的启发进行思考，形成相应的学习行动，a 表示收集、分析、加工信息等，d 表示小组协作讨论、共享学习资源、内化知识和学习方法，建构自己的学习框架等，m 表示运用所学方法讨论、反思、互评、迁移、拓展知识等。

在实施基于计算思维的探究式教学过程中，要求学习者能够运用计算思维的一系列方法去探索、发现问题的本质，并能够在科学探究方法的指导下培养学习者独立的像科学家一样地去思考和解答问题的能力。而要达到这样的目的，使科学的计算思维融入探究式的教学过程当中，能极大地提高教学者和学习者快速发现和解决问题的能力。

（二）ITMCT 教学模型形式化研究

在探究式教学中融入计算思维方法这一重要的教学理念，运用计算思维的方法让学习者探究学习，进而更好地发挥二者的效力，综合利用计算思维的教学策略，构建以教学者为主导、学习者为主体，以能力培养为目的的思维教学新模式。

在基于计算思维的探究式教学中，该模型将教学分成教学者活动、教学过程、学习者活动三个部分，教学者基于计算思维，运用系列教学手段和方法来引导和启发学习者采用各种方式进行问题的思考。整个教学过程通过一系列基于计算思维的探究性问题展开。教学者首先创设好教学情境，提出探究性问题以此调动起他们的学习积极性，激发起其学习动机，然后启发学习者通过计算思维的递归，利用启发式推理来寻求解答问题，当学习者掌握这一思维方法以后，教学者再启发学习者运用所学方法自主探究解决更深层次的问题，并通过小组合作的方式运用计算思维达到知识巩固和迁移的目的。

（三）ITMCT 教学模型形式化定量

为了定量表达 TIMCT 在教与学两方面的作用，我们用 EITMCT 表示教学效果，用 CCTS 表示学习者的计算思维能力。根据探究式教学的五步骤教学活动的开展，公式中各参数对应方法的使用，我们可以得到教学活动中每个步骤教学效果函数 EITMCT 和函数 CCTS 每个步骤的变化情况。

第一步：情境创设，提出探究性问题，q 和 g 参数发生变化。

第二步：计算思维方法中的启发学习者思考，i 和 t 参数发生变化。

第三步：运用计算思维方法探究，r 和 a 参数发生变化。

第四步：用计算思维方法中的协作学习，h 和 d 参数发生变化。

第五步：总结评价的进行，c 和 m 参数发生变化。

第四节　基于计算思维的任务驱动式教学模式的构建

一、构建依据

"任务"驱动式教学就是任务、教学者、学习者三者之间相互作用的结果，整个教学过程以"任务"为主线，将教学者和学习者联系起来。传统的任务教学中，教学者只对学习者完成的任务作评价，学习者在完成过程中需要运用什么方法去解决，则基本不作要求。基于计算思维的任务驱动教学则以确定任务为核心，以培养学习者运用思维方法完成任务为准绳，需要学习者在完成任务的过程中用科学思维的方法解决问题。因此，应该从"任务"的确定、"任务"过程、解决方法三个方面构建基于计算思维的任务驱动式教学模型。

（一）任务的确定

"任务"驱动式教学强调以学习者获取知识为中心点，要求学习者在完成"任务"时必须与学习的过程紧密结合，通过在完成"任务"的过程中获取知识学习的动机和学习活动的乐趣，"任务"驱动式教学要求在真实的学习和教学环境下，教学者把握整个教学活动，学习者掌握学习的自主权。就整个教学活动而言，"任务"驱动式教学分为三个部分：教学者、任务、学习者，三个因素缺一不可，相互作用，紧密结合，构成完成的教学整体。教学者采取的教学方式、方法、手段以及教学目标、教学任务是教学的主体，学习者的学习方式、方法、手段是教学互动的认知主体。认知主体在教学模式下取得的成绩，是使教学模式反馈于教学主体的客观反映，教学主体的目的也得以在该教学模式下取得了相应的成果。

因此，在任务选取和确定中，应该以认知主体是否能在该教学模式下完成教学主体预定目标而进行设定。

（二）任务过程

基于任务驱动的教学过程其实质是要求对教学活动的中心进行确定，使教学者和学习者能够更好地围绕这个主线展开教学和学习活动。

基于任务驱动的教学要求是教学者在实施教学时就已经对教学目标分析透彻的基础之上设计出的教学任务。学习者再根据教学者呈现的任务进行过程性解决，达到掌握知识完成任务的目的。最后，当学习者呈现作品时，教学者再进行总结评价指导。

（三）解决方法

在基于任务驱动的教学当中，知识要求已经将传统意义上的教学者从知识传授、教导的主宰者转变为整个教学活动的指导者，知识讲解的辅导员；学习者也成了知识学习的负责人，构建知识架构的主体，在教学者的辅导下开展自主的学习。因此，在进行以任务为驱动的教学活动中要掌握教学者和学习者的活动规律，掌握课程的知识目标，才能更好地构建解决问题和完成任务的知识结构体系。在实施任务驱动的过程中应该避免只要求结果，不讲求方法地完成教学任务。在此教学活动中，学习者才是真正的知识结构主体，要求学习者在完成教学任务的同时要学会运用科学思维去分解问题并解决问题。因此，基于计算思维的任务驱动式教学要求学习者能够熟悉并运用计算思维方法渗透到任务完成的各个环节。所以，在实施任务驱动教学时应该运用计算思维关注点分离等方式进行。

二、基于计算思维的任务驱动式教学模式（TDTMCT）模型构建

TDTMCT 教学模型围绕任务，教学者展开了五个步骤的活动，学习者展开了六个步骤的学习。教学者的工作是课前的准备、任务的设计、任务的呈现、指导学习者实施任务、对学习者上交的作品进行总结评价；学习者的工作是课前预习相应课程、形成相应良好的学习心理、明确目标任务、完成任务、得到结果并相互交流、对结果进行反思评价。

TDTMCT 教学模型的特点是将计算思维的方法运用于教学者和学习者对任务进行操作时的所有步骤，一系列任务的设置和实施都围绕计算思维的方法展开，即是将计算思维方法应用于教学者的教学五步骤和学习者的学习六步骤当中。

第五节 基于计算思维的网络自主学习式教学模式的构建

一、构建依据

根据教育教学材料的分析，学习模式是在教学思想和学习理论的指导下，围绕教学活动开展，针对某一教学主题，形成系统化、理论化并相对稳定的教与学的范式结构。随着高新技术产业的发展，很多高新技术产物的学习工具走进课堂，移动学习工具等的发展使移动学习等在线学习方式也随处可见，学习者利用网络中获取的材料进行自主的学习已经成为教学改革的重要方向。

目前各个高校都具备相应的软硬件设施设备，基于计算思维的网络自主学习主要依据6个方面。

①各高校良好的在线学习软硬件环境。

②学习者对网络平台的喜爱。

③学习空间不受地理条件所限制。

④学习进度随时可自我调节。

⑤脱离对传统书籍的翻阅。

⑥以计算思维方法完成自我学习。

二、基于计算思维的网络自主学习模式（OILMCT）模型的建构

"网络教育的兴起和开放有一个突出的特点是真正做到了不受时间和空间限制，学习者可以在世界有网络的任何一个角落开展他的学习和研究，从而使受教育的对象扩大到全社会的所有人民，同时还可丰富和发展教学资源的建设。"在这样的环境下，传统的教学方式也受到了一定的冲击。曾经有学者指出，当前的社会正在开展一种全新的教学和学习模式，所有的教学者和学习者都应该树立全新的教育和学习理念，以此适应时代的进步和科技的发展。也有学者预言，在未来的几十年，纸质书籍将逐渐被淘汰。

网络环境下基于计算思维的自主学习模式，是指在计算思维方法的指导下，以现代教育思想、学习理论和教学理论为指导，充分运用网络提供的信息资源以及良好的网络技术环境，使学习者提高积极性，充分发挥自己良好的主动性、创造性。基于计算思维的网络自主学习模式主要是将教学者的教学指导行为和学习者的自主学习行为结合起来，达到合理利用网络资源，采用先进科学思维方法获取知识，学会自我思维，自我获取有效信息，掌握解决问题的思维方式。OILMCT教学模型主要由三部分组成：学习者、教学者、网络

环境与网络资源。学习者利用良好的网络环境（良好的软硬件环境提供资源智能交互、呈现情境时空不限、支持协作师生交流、自主探究互相交流）和丰富的网络资源（文字、模型、声音、图片、图形、图像、视频、动漫）在计算思维方法的指导下进行学习问题的反思，其间教学者可以参与适时指导，也可完全不参与。

三、OILMCT 自主学习模型形式化

（一）网络自主学习理论形式化研究

通常情况下，网络环境下的学习过程中包含四个因素：教学者、学习者、网络教学资源、网络学习环境。

选学习者学习信息时要求很高，要求教学者必须有条理、有逻辑，并能够熟练而全面地收集相关学习信息，同时要求学习者自主学习能力较强，能够很好地约束自己的行为，并能认真踏实地对相应的知识点进行刻苦钻研。

（二）OILMCT 自主学习模式形式化研究

在网络环境下的自主学习中，学习者在教学者教学辅导以及教学者优化后的网络环境和网络资源的条件下，运用计算思维的启发式推理、迭代等系列方法自主收集学习资源，提出需要解决的问题，找寻答案，得出结论，拓展迁移，内化从而提高学习效率，并提升自己思维能力的学习新模式。

第六节　基于计算思维的探究式教学模型的构建

一、构建依据

探索以思维为核心的探究式教学模式，对于探究式教学理论的发展具有重要意义。基于计算思维的探究式教学模式的研究，应该从探究式教学的问题提出、问题探究、解决方法三个方面的变量进行建构。

（1）问题提出

探究式教学模式指的是在教学者指导下，学习者通过以"自主、探究、合作"为特点的学习方式对目前教学内容的知识点进行自主探究的学习，并进行同学之间的相互交流协作，从而达到掌握课程标准对认知目标和情感目标要求的一种教学模式。认知目标即是对学科概念、知识、原理、方法的理解和掌握，情感目标即是感情、态度、思想道德以及价值观的培养，其中重要的是提炼出合理的探究式问题。问题提出的主要依据是紧扣课程目

标的要求，探究式问题的提出由认知目标和情感目标共同确定。

（2）问题探究

探究式教学的问题探究环节其实质是对问题进行分步解决的过程设计。

基于探究的教学和学习过程一般步骤包括：对问题的提炼反映目标要求，搜集分析问题的情景、问题解决方案，从而得到结果，学习同伴相互交流，进行学习评价，通过查阅文献分析学习。得到基于探究式教学的基本环节就是：提出问题、情景分析、问题分析、问题解决、得出结果、总结评价。

（3）解决方法

传统的探究式教学在解决方法中没有刻意地去强调和要求，而对于基于CT的探究式教学模式，在解决方法上是一个重点环节，所以在第一环节的问题提出和第二环节的问题探究都必须考虑到CT的因素，在各个环节都需要加入CT方法的因素，运用CT的方法贯穿整个探究式教学的过程。在考虑运用CT方法时，应该考虑四个层次的模型结构，以此形成完整的模式结构模型。

二、教学模型构建

基于计算思维的探究式教学模型分为五个步骤，分别是创设情境、运用CT方法启发思考、运用CT方法自主探究、用CT方法协作学习、根据课程教学的实际情况总结提高；学习者活动分为形成学习心理，思考学习计划，收集材料加工内容，相互协作讨论，自评、自测、互评、拓展、迁移知识；教学者教学活动分为提炼探究问题，引导学习者思考、启发性学习，协助提供学习资源，为学习者提供必要的帮助以及总结分析学习成效。

教学模型的特点是以CT方法贯穿教学者和学习者整个教与学的全过程为核心要素，也即CT贯穿于整个结构模式的五个步骤当中。

第七节　基于计算思维能力培养的教与学模式在人才培养中的实践

前面对基于CT的探究式教学模式、任务驱动式教学模式、网络环境下的自主学习模式进行了说明，本节将两种教学模式应用于计算机基础课程——C语言程序设计和软件工程课程当中。

一、基于计算思维的探究式教学模式在 C 语言程序设计教学中的应用

（一）C 语言程序设计目标

计算机程序设计语言的理论基础是形式语言、自动机与形式语义学。目前，大部分学校在教授程序设计课程中，多采用传统的教授法和结合实验的上机操作实践来使学习者熟悉和巩固课堂上所讲解的内容。"著名的华裔科学家、美国伯克利加州大学前校长田长霖从对中外理工科教学方式的比较中，提出了理想的高层次理工科教学方式：教理工科的课不能推导公式，推导公式是最简单的，教学者可以不备课；在课堂上要讲的是公式的来龙去脉；人家发现这个公式时遇到了哪些困难，摸索的过程是什么情形，走过什么道路，最后怎么变成这个正确的公式，这个公式将来的发展趋势是什么，它还可以做什么钻研等，上课时，这些内容应作启发性的讲解。高级语言程序设计的教学重点不在于如何解决某些实际问题，这是因为，一方面，受教学计划学时的限制；另一方面，学习者尚不具备解决实际问题的知识基础和经验积累。我们必须致力于讲授解决问题的思想和方法的教学方式，它尤其适用于高级语言程序设计的教学设计和课堂教学。"因此，在教学设计和实施具体教学过程中，必须明确培养和提高学习者的 CT 能力是最终目的，而具体的程序设计只是实现这个目的的一种手段。

（二）基于计算思维的探究式教学模式在课程中的应用描述

对于 CT 的抽象等特点，通过"寓教于乐"的方式来培养学习者的 CT 能力能起到事半功倍的成效。下面，我们根据程序设计课程教学的特点以及 CT 一系列学习技巧和方法，构建教学模型，运用该模型进行程序设计课程教学，培养学习者的 CT 能力，提升教学效率并帮助学习者提高学习效果，从而使学习者掌握计算机方法论。该教学过程的模型分为教学者教学模型和学习者学习模型两个部分。

教学者教学时首先确定教学目标、分析学习者特征、分析教学内容，然后在此基础上进行培养学习者思维能力的问题设置、良好教学情境的创设，最后进行知识点的讲解。同时，运用"轻游戏"作为辅助教学的工具，让学习者熟悉游戏规则，对"轻游戏"获取一定的感性认识，并运用"轻游戏"辅助教学，观察学习者在课堂上听课的反应情况，让学习者参与进来，一起讨论总结。

学习者在自主学习时首先应明确学习目标，将教学者所讲的知识转换内化，同时利用"轻游戏"巩固递归、赢得游戏的策略算法问题，并总结提高。如果效果良好，则对这个学习过程进行总结评价，为以后的学习打下更牢的基础；如果效果不理想，则回顾学习，并在教学者指导下更好地利用"轻游戏"辅助学习相应的知识，达到掌握知识并内化学习方法的目的。

（三）具体案例实施——"五步法"掌握语言循环控制算法

在计算机基础程序设计教学过程中，循环控制是程序设计算法必须掌握的重点环节，因为许多题目都需要用循环控制的方法解决。因此，如果让学习者理解并掌握这一知识点，那么难点自然就突破了。但是，运用什么办法达到目的呢？那就需要教学者帮助学习者分析题目各个环节的联系，厘清循环控制的来龙去脉，使学习者掌握循环控制的本质，内化知识技能并拓展运用到实际生活和工作中去。

第一步：提出探究性问题

作为教学者，要使学习者有强烈的学习心理去解决某类题目时，就需要提出能引起学习者关注并感兴趣的问题。对此，针对循环控制的理解掌握，我们可以设置以下具有代表性、应用性、兴趣性的题目。如"猴子吃桃"问题。

猴子第一天摘下若干个桃子，当即吃了一半，还不过瘾，又多吃了一个。第二天早上又将剩下的桃子吃掉一半，又多吃了一个。以后每天早上都吃了前一天剩下的一半零一个。到第 10 天早上想再吃时，但只剩下一个桃子了。求第一天共摘了多少个桃子。

这个例子对于学习者而言，不仅很有趣，还比纯粹的数字问题学习起来要快，而且具有显著特征。这会使学习者在兴趣中主动学习，从思想层面接受这个新知识，以此培养学习者的递归思维意识。

第二步：启发学习者在思考中学

在这一步骤中，学习者根据教学者提出的问题，思考解决问题的方法。作为主导作用的教学者要把控课堂，适时为学习者提供帮助，运用 CT 的各种方法启发学习者，提供学习策略上的引导。

所以对于以上"猴子吃桃"问题，教学者根据 CT 的特点，启发学习者是否可以用 CT 的递归方法解决？学习者根据教学者的引导，运用 CT 的递归方法，逆向思维，从后往前推断，表示如下：

①定义变量 day，x1 表示第 n 天的桃子数，x2 为 n+1 天的桃子数；

② while 循环，当 day > 0 时语句执行；

③运用 CT 的递归思维得到："第 n 天的桃子数是第 n+1 天桃子数加 1 后的 2 倍"，即是 x1 =（x2+1）×2；

④根据循环得知，把求得的 x1 的值赋给 x2，即是 x2 = x1；

⑤每往前回推一天，时间将减少一天；

⑥输出答案。

该案例在③④⑤步采用 CT 递归的方法发现并解决问题。通过这样的例子，将递归算法执行过程中的两个阶段递推和回归完全展现在学习者面前。在递推阶段，把较复杂的问题（规模为 n）的求解推到比原问题简单一些的问题（规模小于 n）的求解上。第 n 天的桃子数等于 n+1 天桃子数加 1 个后的两倍，同时在递推阶段，必须要有终止递归的情况，比如到第 10 天时桃子数就为 1 个了；在回归阶段，当获得最简单情况的解后，逐级返回，依次得到稍复杂问题的解，我们知道第 10 天的桃子数为 1 个，即是后一天的桃子数加上 1 后的 2 倍就是前一天的桃子数，那么 x1 ＝（x2+1）×2。

在此例中，教学者引导学习者以递归算法的逆向思维进行问题求解，在学习过程中体会递归算法的思想过程，那么学习者就能在思考中学习，并掌握递归方法，当遇到类似问题时就会想到用这样的办法去解决问题。

第三步：协作学习者自主探究——学中做

在掌握了前面所学的技巧和方法的基础之后，学习者已经能够灵活运用所学知识进行该类问题的求解。对此，教学者需要尊重学习者的个性发展，继续启发学习者的思维，让他们进行自主探究学习，使学习者主动、积极地学习新知识，并培养他们的自学能力，使其能够举一反三，让学习者能在学中做。对此，我们可以继续研究"猴子吃桃"问题。

猴子第一天摘下若干个桃子，当即吃了一半，还不过瘾，又多吃了一个。第二天早上又将剩下的桃子吃掉一半，又多吃了一个。以后每天早上都吃了前一天剩下的一半零一个。到第 10 天早上想再吃时，只剩下一个桃子了。求第一天共摘了多少个桃子？同时分别求出每天剩下多少个桃子？

根据递归方法我们可以得到如下流程：

①定义变量 i 为桃子所吃天数，sum 为桃子总数；

② for 循环控制变量 i 的值；

③运用 CT 递归方法得到 sum ＝ 2×（sum+1）；

④求出 sum 的值；

⑤ for 循环控制变量 i 的值；

⑥再次运用递归思维求出每天所剩桃子数 sum ＝ sum/2−1；

⑦输出 i，sum 的值。

该题中，第⑥步采用的递归方法是迁移了第③步递归方法的结果。通过这样的思维训练，让学习者在思考中学习，在学习中运用新的方法破解难题，培养学习者分析问题、解决问题的能力，锻炼学习者的数学建模能力，巩固知识的同时拓展了知识技能和技巧。

第四步：指导学习者小组协作——学中思

此时教学者可要求学习者完成 Fibonacci 数列前 50 项的数字，同时要求学习者先完成"古典兔子"问题。

有一对兔子（一雌一雄），从出生后第 3 个月起每个月都生一对兔子（一雌一雄），小兔子长到第三个月后每个月又生一对兔子（一雌一雄），假如兔子都存活，问每个月的兔子总数为多少？

在这里，教学者引导学习者让其进行知识的主动建构，以自己所掌握的知识经验为基础，再对现在的题目信息进行加工和处理，从而让学习者具备并掌握相应的能力。学习者运用已经掌握的 CT 递归方法分析得出兔子的规律为数列 1，1，2，3，5，8，13，21……。此题目在前几个题目的基础上，进一步培养学习者分析问题及归纳、梳理知识的能力，循序渐进地引导和启发学习者思考，充分调动学习者的计算思维能力，流程如下所示。

①定义 f1，f2 为初始的兔子数，i 为控制输出的 f1 和 f2 的个数；

②i 的最大值取 20 项；

③循环开始前，首先输出 f1，f2 的初始值；

④判断，控制输出，每行四个；

⑤换行；

⑥递推算法，前两个月加起来赋值给第三个月。

学习者根据前面的思维训练后，已经学会了知识的迁移。因此，根据前面的分析我们知道，在递推阶段，把较复杂的问题（规模为 n）的求解推到比原问题简单一些的问题（规模小于 n）的求解上。如上例中求解 f1 和 f2，把它推到求解 f（n-1）和 f（n-2），但在这里仍然用原变量名 f1 和 f2 表示。也就是说，为计算 f（n），必须先计算和并计算 f（n-1）和 f（n-2），而计算 f（n-1）和 f（n-2），又必须先计算 f（n-3）和 f（n-4）。依次类推，直至计算 f1 和 f2 分别能立即得到结果 1 和 1。在递推阶段，必须要有终止递归的情况，例如在函数 f 中，当 n 为 1 和 1 的情况。在回归阶段，当获得最简单情况的解后，逐级返回，依次得到稍复杂问题的解，例如得到 f1 和 f2 后，返回得到 f1 的结果，……，在得到了新的 f1 和 f2 的结果后，返回得到 f2 的结果，此时，学习者已经掌握了 Fibonacci 数列的解决办法。

第五步：总结拓展——学中用

当学习者对相应知识点掌握内化之后，教学者针对问题进行点评、总结，提出拓展性问题和迁移性知识等让学习者运用所学方法讨论、反思、互评、迁移、拓展知识。此时教学者可布置"机器人走迷宫、围棋游戏、博弈游戏"等类似问题让学习者运用所学知识去解决。

二、基于计算思维的任务驱动式教学模式在软件工程教学中的应用

（一）软件工程课程要求

软件工程是一门发展迅速而研究范围很广的学科，包括技术、方法、工具、管理等许多方面。SOC（Separation of Concerns，关注点分离）、启发式推理、迭代思维等求解复杂问题的思维方法经常被运用到软件工程学科的教学活动当中。而如何将软件工程的新技术、新方法传授给学习者，使他们能真正掌握基本的软件工程原理和方法，是软件工程课程教学改革的核心内容。对此，将"基于任务驱动式教学模式"应用于软件工程课程的教学中，达到教学目标的要求。

（二）基于任务驱动式教学模式在课程中的应用描述

基于CT的任务驱动式教学主要从三个板块，即以理论知识为基础、以软件技能为核心、以项目实践为内需拉动整个软件工程课程教学的展开和学习者学习能力与思维能力的改善与提升。整个教学活动的开展情况如下。

该教学活动以掌握软件工程理论知识为基础，其中包括了解并熟悉软件工程的含义、软件项目管理、需求工程、软件工程形式化方法、面向对象基础／分析／设计、软件实现、软件测试、软件演化等知识；以运用软件技能为核心，其中包括软件项目需求分析、项目可行性分析、软件设计、软件开发与测试、系统测试、Bate测试等；以完成项目实践开发为标准，其中包括项目策划、项目分析、项目设计、项目开发、项目评价、项目后期。

该模型分为横向和纵向两个方面进行。

横向方面，首先教学者根据前面提到的软件工程课程的基础、核心、标准这三个板块来组织整个教学。需要教学者首先运用CT递归，关注点分离，抽象和分解，保护、冗余、容错、纠错和恢复，利用启发式推理来寻求答案；向同行或软件行业的企事业单位调查软件行业的情况，并提出针对性教学的方案；同时征询同行或软件行业专家的意见确定软件实践项目的选题。整个教学过程以分组、运用所学知识选取软件项目、组织教学、考核评价四个环节进行。此时学习者在教学者的指导教学下，运用CT方法强化软件工程理论，分组讨论所学知识，内化转化所学理论，并对软件项目实施初步的任务学习计划，当掌握了一定的理论和技术之后，进行实践的软件项目开发，在实践项目开发时运用计算思维启发式和关注点分离的方法对整个项目的立项、实施、结项等一系列的工作实现高效的管理和分配。

纵向方面，教学者教学的每个步骤与学习者学习的每个步骤相互对应。整个课程教学完毕，需要进行相应的考核评价。课程模块和教学模块之间，根据学习的实时情况分别进行总结交流、信息反馈、项目鉴定、综合评价等考核。

当学习者掌握整个模型的知识点环节，懂得如何运用CT的方法之后，学习者再通过已获得的知识和方法内化知识，反思评价自己的学习过程和学习方法，自主建构属于自己学习的框架和方式。这整个教学和学习过程中，都通过一系列基于CT的学习方法展开。

（三）各教学环节具体开展情况

（1）理论基础的学习

在教学者的指导下进行分组学习，要求教学者分析课程结构，实施分组教学时，合理地使用CT方法将软件工程的含义、软件项目管理、需求工程、软件工程形式化方法、面向对象基础／分析／设计、软件实现、软件测试、软件演化等知识方面传授给学习者，学习者根据教学者的指导，运用CT方法强化理论知识，交流讨论所学理论，熟悉软件工程学科知识的基础，为后面的学习做好铺垫。同时，教学者根据学习者的兴趣、特长等进行项目的分组，并为每个小组确定一个组长。

（2）软件技能的强化

此部分的重点是项目的选择，根据选择的项目实现学科技能的教授和训练，此部分要求教学者事先到软件行业的企事业单位了解当前软件的发展趋势和需求问题，并运用 CT 方法对软件工程的需求分析、项目可行性分析、软件设计、软件开发与测试、系统测试、Bate 测试等技能知识向学习者讲授，使学习者掌握相关技能之后，再进行项目的选取。

项目的选取必须满足四个方面。第一，在项目选取时需要教学者牢牢把握目前高校人才培养目标和软件工程教学大纲的一系列要求，并以教学目标、教学内容为依据；第二，要求选择的项目是可行的，能具体实施的，学习者易于接受和处理的，以此保证在后面的教学和实践环节中知识才具有可操作性；第三，项目选择时还必须考虑学习者的学科背景、专业特色以及学校教育规定时间内能够完成的，如我们常接触到的学习者成绩信息管理系统、图书管理系统、人事系统、教学系统等；第四，项目的选择必须依托当前软件发展行业的发展和需要，要切合时代背景为学习者选择实践学习的目标。

当确定项目之后，学习者根据教学者的指导和自身掌握的知识进行初步的项目实施，对项目实现初期的实习操作。

（3）项目实践的开展

在本环节中，教学者是教学实施的主体，项目是检验和实现学习者学习成果的标准，教学者的主体体现在组织教学和指导学习者进行项目实践过程中，学习者的主导体现在每个项目实践环节结束后，应呈现相应的文档、设计和代码等。每个小组的组长带领学习者共同完成该小组的项目，并合理分工协作，体现出每个同学的自主性。在项目的正式实施过程中，教学者带领其他的项目小组对本学习小组实施的阶段性工作进行验收，在本阶段工作完成之后，方可进行下一阶段项目的实施。通过验收的学习小组同时也要参加其他项目小组的检查和验收，以此吸取其他学习小组的经验。

学习者在实现项目开发的过程中，需要运用 CT 启发式原理和关注点分离（SOC）方法的模式将整个软件项目化繁为简，在实现项目开发时运用二维开发原则，将 CT 方法和关注点分离方法相结合，实现软件项目成品的展现。

（4）项目考核的评价

传统的软件工程教学评测、评价仅仅是将做试卷题目的正确与否作为考核学习者掌握相应知识板块的方法，此方法的弊端是尽管学习者考试考出很高的分数，但当遇到实际问题时仍然束手无策。而对教学者的考核评价则是通过学习者学习成绩的高低来评价其教学效果的优劣的。

基于 CT 能力培养的软件工程学科教学则必须要求改革传统的考核方式，建立一种科学而有效的评价体系。该课程的考核不应该是理论考核，而应当以实践项目为评价标准，将学习者所掌握的方法、技术和软件理论综合起来进行考评。同时也需要将教学者的理论、技术、方法和项目实践能力作为整个学科课程的考核范围。

（四）具体案例实施——"五步法"掌握软件项目开发过程管理

软件工程课程关系到软件项目的调研、开发、实施、测试、应用等多个阶段，如何高效、可行、有效地开发出符合客户满意和商业需要的软件产品，是软件工程课程需要解决的重点和难点。因此，让学习者运用软件工程相关知识开发出相应的软件产品，内化知识并拓展运用，那么课程重点和难点就自然突破了。

第一步：师生准备材料

如何开发一款软件产品？项目开发过程需要了解软件项目管理的哪些知识点？软件项目管理的原因、内容、知识体系结构以及项目管理工具、软件项目开发过程的管理等知识都需要教学者和学习者在软件开发之前了解和掌握。学习者在教学者的带领下，运用CT方法分析课程基础知识，分析软件行业各种需求情况。

第二步：设计任务——需求分析

对此，教学者以"计算思维专题网站的系统"开发为例，要求学习者设计开发CT的专题网站系统。教学者可设计如下的课程任务。

学习软件工程课程之后，要求学习者以自建小组为单位，完成CT专题网站系统的设计开发。开发前，需进行可行性需求分析。

当教学者把课程以任务的形式设计好以后，教学者就围绕任务进行教学，而学习者则根据该课程的教学边学习边开始软件产品的开发。由于开发软件产品是一个过程，因此，在此步骤中教学者将课程的庞大任务分解、分离为简单的问题，然后再以完整作品的形式对学习者提出完成课程任务的要求。此设计不但能提高教学者教学效率，也使学习者在完成任务的过程中，学习教学内容并综合应用教学内容。在整个过程中，教学者采用CT分解复杂问题，采取关注点分离（SOC）方法把一个庞大复杂的问题转化为各个小问题。

第三步：呈现任务——软件设计

在此步骤中，教学者在已经设计好教学任务的基础上，呈现所设计的教学任务，并对任务进行合理的分配。学习者根据教学者的要求，明确任务目标，在教学者引导下运用CT方法分解任务，探寻完成任务的渠道。此时可呈现如下的任务设计。

搭建CT专题网站系统，要求整体把握CT在国际国内的发展趋势、CT方面相关研究、CT在各高等职业院校研究情况、CT学科专家学者、CT方面资源汇总、CT论坛互动等板块内容。

此步骤教学者呈现CT专题网站系统大概框架，对其中需要强调交互性能及对重点突出的板块进行讲解说明，学习者根据软件系统和教学者的指导要求，确定软件开发的各个板块分工。

第四步：实施任务——软件实现

此步骤中，为了更好地完成教学任务，教学者需要帮助学习者对任务进行深入分解和剖析，合理地划分复杂的任务，安排相应的小组成员担任完成各个小任务的负责人和完成人。

这里假定一个小组由 5 个成员（在此，我们用 A，B，C，D，E 替代）组成开发团队。此时，根据系统任务的需要，我们将任务划分为相应的小任务，每个成员完成一个小任务。由 A 担任小组长，根据开发任务的需要合理安排和分配任务，称之为总任务 A；B 承担软件系统可行性报告、需求分析报告的调研写作工作，称之为任务 B；C 根据可行性和需求分析报告，进行软件系统的设计，称之为任务 C；D 根据软件的设计进行软件产品的开发、运行、测试工作，称之为任务 D；E 进行项目的管理、系统推广等工作，称之为任务 E；结束后，A 小组长根据成员 B、C、D、E 的工作汇总大家的任务，形成完整而有效的软件产品。在此值得注意的是，在每个成员完成任务的过程中，他们还可以把自己的任务分解为一个个更小、更具体的任务实施和完成。

第五步：总结评价，反思内化

在任务完成之后，学习者上交一份小组成品和个人成品，并进行集体展示、交流。此时，根据各小组的作品，集体针对其中存在的问题相互交流探讨，并拓展讲解其他软件产品的开发知识等。教学者对整个学习过程进行点评、总结，对其中优秀的作品进行分解讲授，带领学习者共同提高。同时，指导学习者在以后进行类似工作的完成过程中可以运用相应的方法完成任务。如教学者在实施教学时，就可以采取这种小组协作完成任务的方式进行教学；而在一些社会化的工作中，如大型软件项目开发的过程中，可以运用 CT 化繁为简、SOC 关注点分离等方法开发软件。

第八章　计算机专业应用型人才培养教学的实践创新

第一节　网络资源在计算机专业人才培养中的应用实践

互联网信息库是网络信息和资料共享的重要财富，具有显著的优势。在高校计算机教学中运用网络资源可以对教学资源进行补充，提升教学的质量。实践证明，学生运用网络资源创设的学习情境可以更好地学习和掌握计算机知识和技能，提升学生的学习效率和效果。因而，教师要注重网络资源的运用。

网络资源技术在高校计算机教学中得到了广泛的应用，可以有效激发学生的学习兴趣和积极性，让学生逐渐形成利用网络资源学习的习惯，这也是计算机教学中的任务之一。在计算机教学中运用网络资源，可以创新教学模式，解决传统教学中的不足，发挥网络资源的积极作用，提升教学的有效性。所以，教师要合理地运用网络资源，促进计算机教学发展。

一、网络资源在计算机教学中运用的优势

首先，网络资源具备很快的更新速度，和其他传统媒体相比具有显著的优势。计算机信息技术也要进行更新，且要借助于快速更新的网络信息，网络资源的时效性较强，在教学中进行运用，能够展现出不同学科或是科研方面的最新资源和动态变化，检索出需要的最新资源，让学生快速地了解和掌握最新的知识，能够明确学习的相关情况。比如，内容、时间以及进度。在高校计算机教学中，有选择性地运用网络资源，可以打破传统的教学模式，丰富教学资源。运用网络资源，教师和学生的学习资源可以得到快速的更新，教师可以筛选网络信息，合理地运用到教学中。因为网络资源内容的更新速度很快，教师可以将计算机的运用操作展示给他们，进而提升他们的主动性。

其次，教师能够随时随地通过网络检索需要的信息，对这些资源进行共享，没有束缚，让教学可以变得更轻松和自由，教师能够通过不同的方式指导学生学习。例如，远程操作，运用网络资源制作有关的教学知识或者是专业知识，对学科的最新知识进行整合，进而及时对教学资源进行补充和更新。学生在学习中碰到问题，能够通过网络向教师请教，在线

上就能够完成教学。当前很多高校都构建了自己的网络信息资源库，师生通过多样化的技术，可以不受时空限制获取网络信息资源，对教学素材进行丰富，增加个人和不同区域的交流和分享，共同分享有效的教学资源。这对教师教学效果的提升具有积极影响，可以激发学生的学习兴趣，提升他们的学习效率和效果。

最后，网络资源可以多方向传递信息数据，打破时空限制。网络资源教学能够结合不同学生的学习情况和阶段，有针对性地为其制订学习计划，通过多样化和开放式的教学方法，将开拓精神和创新思维进行结合，以满足新的教学模式发展的需要。通过利用网络资源进行教学，学生能够结合自身情况，合理安排学习计划，提升他们的学习效率，加强他们的自学能力，促进教学质量的提升。

二、网络资源在计算机教学中运用的策略

（1）远程教育模式。这就是对局域网络资源进行运用的代表，能够展现出教育体系的多样化发展。该模式就是基于计算机软件，教师和学生可以隔着计算机屏幕对话，把教学资源转化为网络资料，对学生进行教育以及指导。其优势就是能够有目的性地进行教学，还有对学生的教学存在专一性，当前这一模式已经在学生中得到了广泛运用。远程教育是网络资源，这就可以有效地对教师的教学对象进行补充，但凡有网络的地方，就能够教学，教师的教学也不用受时间和空间的限制，能够具体讲解不同类型的计算机操作，让更多的学生学习这方面的知识。

（2）构建立体的计算机教学网络。通过运用网络资源，教师能够建立健全的计算机教学网络，通过网络沟通以及专用性网络资源，能够帮助学生提升学习的目的性。譬如，有的学生在实际操作中有些操作技术并未掌握或是忘记了操作步骤，学生就不用请教教师，直接通过观看网络资料就可以学习操作的步骤。网络资源能够通过目的性、专业性的资源学习，帮助学生巩固学习到的知识，这是教师课堂教学实现不了的，教师在教学中面向的是班级中的所有学生，学生网络资源面向的只是学生自身，结合学生的需求提供相应的学习资源。

（3）网络资源与教材相结合。过去，教师在计算机教学中主要的依据是课本，但在信息高速发展的现代，教师需要注重对网络资源进行利用，满足教学发展的需要。当前是信息时代，网络技术的发展，能够解决教材资源滞后、单一、地区教材资源不足等问题。教师在教学中就可以运用该优势，在网络中搜集优质的教学辅助资料，结合教材开展教学，还可以利用互联网向教师分享优秀的教学方案和方法，对教学材料资源库进行补充，让资源实现多样性，优化教学资源，提升教学效果。例如，在"Java编程语言"的教学中，教师就可以运用网络教学方法，结合学生和教材实施教学，把资源分享到平台上，让学生课后也能够观察和学习，提升学生的学习效率和效果。

（4）实行个性化管理。教师运用计算机网络进行教学，要结合各层次学生的情况，

实施分层教学以及管理。网络教学并非完全让学生自己学习，还需要教师有计划地提供指导，进而提升学生的学习效率。因此，教师运用网络资源教学，需要结合各种类型的学生，有针对性地制定教学策略，制定出相应的学习任务，促进学生的个性化发展，更好地实现教学目标。

（5）开发专业学习软件。高校计算机教学就是要对学生的计算机技能进行培养，展现职业特点，教师在教学中需要把基础与专业进行结合，在基础理论教学的基础上，加强专业教学。可以通过网络资源，开发有关的专业计算机学习软件，给学生的课余时间自学提供平台，提升学生的专业能力，还能够对学生的基础性语言交流进行培养。运用软件教学，教师要合理地监测学生的学习情况，并以此为依据，为学生提供个性化的辅导，在学生自学中，教师适当的讲解很重要。

（6）创设虚拟办公环境，进行综合性实践操作。办公自动化课程就是要让学生能够适应未来办公工作的要求，各项工作的环境以及要求都不一样，故互联网＋模式下，在办公自动化教学的过程中，教师就要创设虚拟逼真的办公环境，让学生在学校环境下提前感知工作环境，提升他们的能力。比如，模拟秘书为了辅助领导召开重要会议，需要用到的办公自动化知识和技能，还要做好有关的准备工作。又如，快速准确地录入汉字、编辑和排版 word 文档、办公文件分类整理、设计和演示幻灯片、制作，分析电子表格等，熟练地运用常用的办公软件以及设备，帮助领导理清思路，提供需要的文件资料，为领导的活动提供便利。通过设计这项活动，可以全面地对学生的不同办公软硬件运用情况进行考察，真实的情境可以激发学生的学习兴趣，提升他们的学习热情和效果。

（7）创建作业系统，方便教师监督学生的学习。计算机学科具有较强的操作性，对于学生的操作实践能力提出了较高的要求。因此，只通过笔试考核无法全面地测验和体现出学生的操作实践能力。于是教师需要改变考查的方式，还要加强对学生操作能力的考查，通过利用网络，可以给教师批改操作型作业提供平台。学生登录作业系统就能够完成教师布置的操作内容，系统能够自动地记录学生的操作步骤，教师能够及时对学生的作业进行批改，及时地反馈批改的结果，提升作业的作用，真正促进学生操作能力的提升。

综上所述，网络资源在高校计算机教学中的运用具有显著的优势，教师就需要采取有效的措施，合理地运用网络资源，激发学生的学习兴趣，提升学生的学习效果，通过网络资源的辅助，让学生更好地学习和掌握计算机知识及技能。

第二节　虚拟技术在计算机专业人才培养中的应用实践

在"互联网＋"背景下，人们的生活及工作与计算机应用越来越紧密，计算机技术成为当下社会人才所必须具备的一项职业能力。因此，必须要提高高校计算机教学质量，为社会输送更多计算机领域人才。在高校计算机教学中应用虚拟技术满足了多元化的教学要求，降低了教学成本，提高了教学效率。

近年来，社会对高科技人才的需求愈发迫切，而高校承担着为国家、社会培养和输送优秀人才的责任，因而加快高校计算机教学改革，积极应用虚拟技术提高计算机教学质量，培养计算机专业领域人才势在必行。虚拟技术是一种被广泛应用的计算机技术，在高校计算机教学改革中应用虚拟技术，模拟构建科学实验平台，为学生提供实践操作机会，降低资金成本投入，推动计算机教学改革。

一、计算机虚拟技术概述

虚拟技术是一种集多媒体技术、传感技术、网络技术、人机接口技术、仿真技术等多种技术为一体的计算机技术，是仿真技术的重要发展方向，是具有挑战性的交叉技术。计算机虚拟技术，包括由计算机生成的动态实时的模拟环境，视、听、触等感知以及传感设备和自然技能等。虚拟技术是实现用户与计算机之间理想化人机界面形式的一种计算机技术，以计算机技术为核心，集合多种技术共同生成逼真的虚拟环境，用户借助传感设备进入虚拟环境，与相应对象进行交互，产生与真实环境相同的体验。

虚拟技术具有诸多特征，如交互性、沉浸性、多感知性等。交互性，是指用户从虚拟环境中得到反馈信息的自然程度和虚拟环境中被操作对象的可操作性。借助数据手套、头盔显示器等传感专业设备，用户在虚拟环境中与操作对象进行交互，计算机可以根据人的自然技能实时调整系统图像、声音，从而让用户获得一种近乎在现实环境中的感受和体验。而沉浸性，则是指计算机虚拟技术模仿的现实事物过于逼真，从而让用户产生面对真实事物、处于真实场景中的感受，变为直接参与者，用户仿佛成为虚拟环境组成部分，导致其沉浸其中。至于多感知性，则是借助传感装置，虚拟系统对感知觉的反应，在虚拟环境中让用户获得多种感知，产生身临其境的感觉。

二、虚拟技术在高校计算机教学中的应用优势

随着信息技术的飞速发展，高校计算机课程内容也在不断更新，操作性和实践性也在不断提高，要求理论与实践紧密结合，并且随着社会对计算机领域优秀人才的需求与日俱增，高校计算机教学应加快改革创新，合理选择教学模式。在高校计算机教学中应用虚拟技术，利用其交互性、逼真性创建良好的教学环境，营造良好的教学氛围，提高计算机教学质量。在高校计算机教学中应用虚拟技术，通过虚拟现实技术的软硬件系统，可以为学生创建一个逼真的虚拟环境，刺激学生大脑的多种知觉，让学生大脑处于兴奋状态并接收信息，有效激发学生学习的兴趣，吸引学生注意力，增强记忆。

此外，借助专业传感设备加强虚拟环境中师生、学生之间的交互，利用瞬时反馈教师

可以更及时有效地处理和加工学生反馈信息，加强师生互动交流，构建教学氛围更融洽的虚拟教学环境，激发学生学习积极性。在高校计算机教学中，应用虚拟技术还能加强学生的合作交流，让学生在虚拟环境中互相探讨、合作，共同解决学习问题，深化对计算机知识的理解，同时也方便教师对学生学习情况的观察和了解，可以及时纠正和指导学生学习过程中的不足之处，并实时参与到学生合作交流中，引导学生，激发学生潜能，提高课堂教学质量。

三、虚拟技术在高校计算机教学中的具体应用

在理论教学中应用虚拟技术。计算机课程无疑是一门实践性极强的课程，教师在讲述理论知识后，还会带学生到计算机实验室结合计算机进行操作，让学生在实际操作中深刻理解计算机理论知识。但这种教学模式依然存在弊端，学生在起初就对过于抽象的计算机理论知识感到困惑，难以产生深刻认识，进而直接影响后面的实践教学质量。在计算机理论教学中，教师应积极应用虚拟技术，借助虚拟现实系统将抽象的知识形象化、具体化，结合多种媒体表现形式增强课堂教学的交互性和沉浸感，让学生可以更加直观、清晰地认识到所学知识。例如，教师在讲解计算机结构和组装过程的相关知识内容时，通过简单的文字和图片难以将知识直观传递，而教师带领学生到实验室进行操作实践，尽管可以让学生切实感受到计算机结构和组装过程，但因为时间并不充裕，教师无法对每个学生进行现场指导，学生只能按照自己想法实践，这无疑导致了学生的一些问题难以解决，存在学习障碍。而利用虚拟技术，将图片、声音、动画等有机结合，设计制作出生动的教学课件，增强交互性，让学生沉浸其中，满足学生多角度学习、实践的教学需求，营造逼真的教学环境，深化学生对所学计算机知识的理解。

在《操作系统》课程教学中，针对进程管理、处理机调度这一学生难以理解的地方，教师可以利用虚拟技术，制作 VR 课件，通过逼真的课件形象生动地展示学生难以理解的问题和原理，加深学生印象，对原理产生深刻理解。常见的数据结构算法思想较为抽象，单纯的数据结构讲解、算法演示难以让学生快速掌握，教师可以利用虚拟技术处理，将抽象的算法过程直观呈现，方便学生理解。在讲解信息编码教学内容时，教师可以利用虚拟技术制作一些游戏案例，信息编码、二进制、十进制等基本概念融入其中。通过设置游戏问题，激发学生学习兴趣，促进学生主动探索。

在实验教学中应用虚拟技术。在高校计算机实验教学中，应用虚拟技术可以生成相关的实验系统、实验仪器设备、实验室环境、实验对象以及测试、导航等实验信息资源，可以虚拟出构想的实验室，也可以模拟现实实验室，打破实际教学中物力设备的限制。例如，在计算机操作系统安装、调试实验教学中，教师可以通过 VMware 软件创建一台具有独立硬盘、操作系统、独立运行的虚拟机，在它上面进行实验操作即便出现问题，导致发生故障也不会影响其他虚拟机和物理机，能有效降低教学投入成本，保护现实计算机。可以根

据不同需求为虚拟机安装不同操作系统，实现一机多用，满足计算机实验教学多种要求。不同于传统物理网络实验室，虚拟机具有良好的隔离性和独立性，且在使用虚拟机的过程中，每个学生都是管理员身份，使得学生产生设计的上机体验。

虚拟机具有良好的独立性，当配置设定之后，不会受到其他虚拟机影响，也不会对其他虚拟机产生影响，故适应性更强，可以根据不同的计算机实验教学要求，随时改变虚拟机配置，使得资源分配更合理，在满足各种计算机实验教学要求的同时，节省物理机配置，降低高校计算机教学成本。

在高校计算机教学中，虚拟技术应用越来越广泛，将其应用在计算机理论教学中，能将抽象计算机理论知识直观化、生动化展示，营造真实情境，促进学生的理解和掌握。应用在计算机实验教学中，根据不同计算机实验教学要求创设独立性和隔离性良好的虚拟机，根据需求改变配置，在满足实验教学的同时，降低教学成本。

第三节　混合教学在计算机专业人才培养中的应用

基于新课改的背景下，混合式学习方法博得了教育工作者的眼球，而在高校计算教学活动中使用混合式学习模式，必然会达到显著的效果，显然这对培养学生的综合能力有着积极的作用。对此，本节首先阐述了混合学习模式以及在高校计算机教学中应用混合教学模式的必要性，接着对传统教学模式存在的弊端进行了探讨，最后围绕着混合教学模式在高校计算机教学中的应用措施展开论述，仅供参考。

随着我国生活质量以及水平的不断提高，以往的计算机教学形式早已无法紧跟时代的脚步，这就要求相关教育工作者应当主动创新以往的教学模式，结合学生的实际状况来制定教学方式，坚持以人为本的理念不动摇，这样做不单单可以强化学生的创新意识，还能充分拓展学生的思维能力，以此来促进其学习水平的全面提升。对此，本节以混合教学模式为例，从以下几个方面围绕着混合教学在高校计算机教学中的应用展开论述。

一、混合学习模式以及在高校计算机教学中应用混合教学模式的必要性

（一）混合学习含义

混合学习可以被称为一种理念，除了要充分意识数字化学习以外，还必须有人接受。站在客观的立场来讲，鉴于该学习方式也存在优劣势与科学性，因而充分发挥其优越性，才能妥善处理教学期间存在的各种问题。混合学习理念会对教学过程带来直接的影响，其中涵盖以下几个方面：一是学生观；二是教师观；三是教学媒介；四是教材；五是教学方

式等。而针对教学要素来说，往往侧重于学生自主的解释，教师从原来的传授者转变为设计者，学生演变成为知识的主体，而不是容器。

（二）混合学习的定位

一般而言，以往教学模式基本上都是在课堂中进行，其主要以教学大纲、教材设定内容等方面为主，为了将应用效率加以提升，其应当与网络学习结合在一起，通过注重学生主体地位以及差异性进行全年改革。针对网络学习而言，其主要是利用网络的学习模式，在整个环节中，网络属于先进的教学工具。现阶段，多媒体、计算机早已演变成为先进的教学工具，它打破了以往教学模式对于黑板和教师的依赖。基于这种模式之下，学生才能真正成为课堂的主人，从原来的被动接受知识转变成主动接受知识。而教学媒体通常以书本为主，通过多媒体链接与超文本运作等各种手段，为全体学生提供生动形象的人机交互界面，并且这样也有益于充分发挥学生的主体地位。但是我们也应当意识到，网络学习针对学习主动性、自制力等方面均提出了越来越多的要求。这是因为网络教学的教和学总是处于相互分离的状态，尽管具备较多的学习时间，然而场地比较分散，学生有着较强的随意性，故对学习目标以及自控力提出了诸多要求。

（三）在高校计算机教学中应用混合教学模式的必要性

第一，计算机教学课堂内容种类多，涵盖烦琐的理论知识和操作内容，这样就会在无形之中对学习者的学习水平提出诸多的要求。灵活运用混合教学模式，能够在无形之中使得学生于线下课程前后得到指引，为学生可以熟练掌握相关知识点提供应有的保障。针对线上学习来说，其存在诸多的优势，如弹性大、可重复等，对促进学生学习水平有着积极的意义，使得教学能更加从容面对学生个体之间存在的差异性，以此来实现教和学的完美结合。

第二，使用混合教学形式可以有效增强教学的科学性。基于这种背景之下，教师可以在指定的时间内开展丰富多彩的实践活动，并在最短的时间内给予学生反馈，以此来弥补教学单一化存在的不足之处，继而促进其学习水平的全面提升。

第三，可在无形之中增强教学资源管理的便捷性。教师可以利用课下或是业余期间把教学资源采取数字化与联网的方式保存起来，为教学反思以及循环使用提供应有的便利。

二、传统教学模式存在的弊端

在对以往的计算机课堂教学活动进行深度剖析以后可以发现，教师扮演主要角色，而学生扮演配角，把学生放在了被动接受知识的地方，缺乏对学生实践能力的培养。从当前的发展趋势来看，诸多高校并没有深刻意识到计算机课堂的重要性，也没有对学生的个性化发展引起必要的重视，进而对教育行业的健康发展带来了不利影响。传统教学模式存在的弊端主要体现在以下几个方面：一是没有对学生个性化发展予以高度重视；二是师生、生生之间缺乏有效互动；三是忽视了学生创造力的培养；四是不符合现代教学发展的需要。

（一）没有对学生个性化发展予以高度重视

站在客观的立场来讲，计算机属于一门灵活性强的课程，其主要要求学生通过动手操作来探索与掌握计算机等相关知识点，灵活运用软件的使用方式来将自身的综合能力加以提升。但在以往的教学活动中，教师的教学手段往往过于单一化，课堂教学缺乏一定的新颖性，教学属于课堂的引导者把握着学生的每一个行为，久而久之就会影响学生思考探索的主动性，致使其在思考问题时无法充分拓展自身的思维能力，显然这对学生自主发现问题、探索问题、解决问题均带来严重的影响，也不利于学生个性化的发展。

（二）师生、生生之间缺乏有效互动

针对以往计算机教学模式来说，计算机教师在开展教学活动期间总是采取"满堂灌"的形式把所有理论知识都传授给学生，显然这样就会导致师生之间、学生之间缺少必要的沟通，大部分教师还把小组讨论学习当作浪费时间，阻碍了学生对教学内容的发散性思考，也没有为学生提供一个可以发挥自身作用的平台，长此以往，就会导致学生缺乏对教学内容的思考。

（三）忽视了学生创造力的培养

我们都知道，以往的教学模式主要是把理论知识传授给学生，大部分教师往往将目光放在了知识的传授上面，而没有对知识的延伸予以高度重视，只重视书面成绩，却没有将时间和精力投入到对学生综合能力的培养上面，导致学生的理论知识无法应用于实践活动中，久而久之，会对学生创造力的发展带来不利影响。

（四）不符合现代教学发展的需要

随着我国国民经济水平的快速发展，计算机技术慢慢演变成为现阶段社会发展的关键技术，并在相关领域中得到了普遍的认可与推崇，这就要求计算机教师要采取针对性的手段将学生的计算机应用水平加以提升。而以往的教学模式早已无法紧跟时代的脚步，显然制订出切实可行的教学模式对促进我国教育行业的发展有着积极的意义。

三、混合教学模式在计算机专业人才培养中的应用措施

为了促使学生具备与之相匹配的综合能力，计算机教师在开展计算机教学期间，应当采取针对性的手段营造出轻松、愉快的课堂氛围，促使学生成为课堂真正意义上的主人。为了进一步增强学生的创新能力，教师还应当紧跟时代的脚步，积极使用新型教学手段，传授学生学习技巧，教师在整个环节中所扮演的角色是引导者，而不是把学生当作知识灌输的容器。不仅如此，教师还应当引导学生自主探究，灵活运用各种手段来发散他们的思

维能力。倘若想要构建起满足计算机教学的混合教学模式，那么应当对以下几点予以高度重视。

（一）教学前期

站在客观的立场来讲，教学前期主要分为以下两个部分：一是课前分析；二是课前预习。针对课前分析来说，其剖析所讲解的对象以及环境是不可或缺的步骤。计算机教学在开展计算机教学活动的过程中，其基本上所面临的学习群体来源于以下几个方面：一是来源于不同的年级；二是来源于不同的专业，学习人数非常多，学习能力也存在着较大的区别，故在对教授对象进行深度剖析时，应当对每一个对象的专业情况、学习状况等方面做到了如指掌。除此之外，教师在开展计算机教学活动的前期阶段一定要熟练掌握课堂的安排状况，其中包含以下几个方面：一是授课地点；二是授课设备；三是课时安排以及考试方式；四是考核比例等。从课前预习方面来讲，为了日后教学活动可以有条不紊地进行下去，教师应当在每一次开展教学活动之前把相关数学资源，像文本、素材等通过网络充分展示出来，目的是提供给学生进行课前预习，促使其熟练掌握课堂内容并提出质疑。不仅如此，教师还应当在指定的时间内为每一次的教学制订出切实可行的教学目标，以此来科学引导课堂教学。

（二）教学中期

第一，如果想要促使混合教学模式渗透到高校计算机教学活动当中，那么在教学中期，即在开展教学活动的时候，计算机教师应当采取必要措施把以往的面对面教学和线上网络教学结合在一起，还要在充分结合学生学习特点的基础上，开展相应的教学设计工作。值得一提的是，教师在开展此项教学活动期间一定要扮演引导者的角色，并且所设计的教学内容一定要确保发挥学生的主体地位，让他们成为课堂的主人，只有这样才能促进其综合能力的全面提升。作为一名计算机教师，在开展计算机教学活动的过程中，首先需要做的事情就是阐述教学中的难点与重点，同时还要事先整理好学生上课之前提出的问题并进行解答。

第二，应当在充分结合所授内容的基础上设计与之相匹配的课堂练习，可采取小组讨论的方式进行，把学习程度不同的学生放在一个小组中，这样做的目的是使小组"互帮互助、一起进步"，继而从根本上将课堂学习水平加以提升。

第三，为了进一步减少学生在自主探索期间不知从哪学起的尴尬局面，计算机教师在进行课堂练习活动期间，一定要增加与学生沟通的次数，目的是促使他们在具体探讨期间可以对相关学习技巧做到了如指掌，继而为学生营造出轻松、愉快的学习氛围。

第四，计算机教师还应当将目光放在学生个体发展上面，并在此基础上做到因材施教，结合每一个学生的学习状况采取与之相匹配的手段进行科学引导，熟练掌握学生的个体特征，促使他们可以成为课堂真正的主人。

（三）教学后期

一堂课的时间只有 45 分钟，但由于每一个学生接受知识的能力不一样，所以为了进一步提高学生的学习水平，计算机教师应当在课堂教学活动结束以后进行线下指导，即将事先制作好的视频上传到指定的网站或是学习平台中，并在此基础上布置相应的练习题让学生练习；不仅如此，计算机教师还可以在每周指定的一天把带有典型案例的资源也一同上传到网络或是学习平台中，这样做的目的是将学生的知识面加以拓宽，在必要的情况下，还可以使用相关软件和学生进行沟通。除此之外，教学评价在混合教学模式当中扮演着重要的角色。之所以这样说，是因为以往教学活动当中的教学评价总是倾向于总结，而混合教学模式当中的教学评价则侧重于教学过程，评价内容主要包含以下两个方面：一是对学生的课堂学习评价；二是课后考核评价。

综上所述，日后计算机发挥的作用将会被无限放大，必然会演变成为学习以及工作不可或缺的工具。因而，计算机教师一定要采取针对性的手段将计算机的学习手段与有机的学习状况结合起来，并在此基础上把新型混合教学模式渗透到学习与工作当中，只有这样才能促使其发挥出应有的价值。

第四节　计算机技术在计算机专业人才培养中的应用实践

随着当前计算机技术的普及，网络互联网模式已经应用在生活中的方方面面，计算机技术在辅助并促进高校的教学管理工作中将发挥越来越重要的作用。有效地应用计算机管理技术，不仅能提升高校教学管理的工作效率，更会促进当前高校管理的合理化、成熟化。

高校的教学管理体系对于高校而言有着极其重要的作用。它可以有效地维持正常的教学秩序，根据具体现状，开展相关的教学研究，同时进行必要的改革措施。只有这样，才可以完成相关的教学任务。从当前的高校教学管理现状出发，可以发现，只有不断地促进高校教学管理现代化进程发展，同时使其变得科学化、合理化，进一步发挥计算机技术在当前的教学管理中的巨大作用，这是当前高校教学管理改革中的关键步骤。

一、分析计算机管理技术在当前高校管理技术中的作用

（一）减轻管理工作量

近年来，高校教学管理体系已经尝试做了一些相关的改革，同时根据现行的学生培养目标，采取了一些调整性的方案，也在不断地促进办学发展，形式也更加趋向于成熟化。但是由于当前校招人数逐年激增，故教学管理的任务量也在不断增大，高校的教育部门需要处理大量的教学信息。与此同时，相关的分析工作任务也越来越繁重。传统的教学管理

方式已经无法适应高校教育管理形式的发展趋势，因此计算机技术的运用可有效地解决上述问题。当务之急，是需要不断地进行尝试，最后决定符合当前的高校教学管理的相关办公模式，使其具有高效性、科学化的特点。随着计算机的普及，在教学管理中使用计算机技术可以极大地节省人力、物力，同时减少因信息遗漏给高校教学管理带来的损失，减轻了任务量，使相关的数据方便打印，还可以进行信息传递。

（二）确保教学管理工作正常运用

对于教学管理而言，需要相关人员对于日常的事务进行总结、分析和安排，同时对综合信息进行有效化的处理，实行必要的管理跟控制，确保高效的教学管理工作得以正常开展。具体的任务还包括汇总相关的教学信息数据，评定教学状态，评价教学质量水平，根据现状制订有关决策，必要的时候还需要进行科学化的信息和数据储存。如果用传统的方式来处理以上工作，则工作量无疑太大。如果采用现代化的计算机处理模式，运用 Word，Excel，PPT 等办公软件进行处理，则会实现高效化的办公流程。所以，高效化的教学管理模式，可以运用计算机来处理相关的事务。

二、分析计算机技术在高校教学管理中的应用

从当前的情形分析，高校计算机管理中所涉及的领域非常广泛，它主要涉及不同部门、人员、内容等，其中涉及最多的是学生学籍处理、教学质量监督管理以及对学生日常信息管理等工作。这些内容复杂多样，需要进行记录、归档等操作。因而运用计算机技术，可以减轻工作量，提高管理效率，同时也有利于后期的查询工作。具体可以分为以下几个方面。

（一）提高学生成绩管理效率

学生的成绩管理是高校教学管理中一个非常重要的信息点，也是学生的学籍管理中很重要的成分。当前的相关规定明确指出，需要记录学生在每一学期中参加课程的课时，学分、成绩等信息，同时还需要满足后期的查询、更改、分析等功能。因此，就需要认真处理好相关的数据。从学生大一开始到大四结束，学生的课程数都会在 30—60 门之间。学院需要处理的学生信息更是一个庞大的信息量，校级的相关教学部门处理的信息量更是不可估计的。进行计算机管理操作，可简化学生成绩信息输入流程，并可以进行储存、调取等后续操作。

（二）简化操作流程

在每学期课程结束之后，教学管理人员可以将班级的学生人数以及相应的成绩录入教学成绩管理系统，这样系统就可以自动匹配不同分数段的人群，还可以知道学生的成绩评定，以及班级的平均成绩、班级排名、优秀率、及格率等相关信息。通过操作系统，还可以建立学生在该学期的成绩表。通过设立相关的查询渠道，学生可自行查询自己的考试成

绩。还可以根据实际情况，例如补考、缓考等特殊情况，进行说明。运用计算机操作，可以减轻学生成绩处理任务，简化流程，减轻工作量，使得数据管理工作更加轻松，为师生带来了便利。

（三）加强教学质量监督管理

随着当前教育领域发展的步伐越来越快，对教学的有效性要求也越来越高，如何提升当前的高校教学质量成为高校师生关注的问题。只有设立有效的教学质量评定体系，才能发现当前的教学出现了哪些问题，进而采取具有针对性的解决措施。这就需要进行相关的教学质量检查工作。传统的方式都是采用发放调查问卷，让学生进行填写，让学生为教师打分，但该方式费时费力，有时学生只是匆匆地应付，起不到实质性的作用，同时由于后期还需要对相关反馈进行收集、归纳、总结，故整个工作量成为一个浩大的工程。而采用网络平台，教学生输入自己的相关信息，对教师的教学质量进行评定，系统会根据实际的选项，对相关的信息进行汇总。这可以帮助教学管理人员有效地了解学生对于该门课程的相关反馈，并发现存在的问题。教学管理人员也能对教师的教学质量做出适当的评定。

（四）有效加强教学信息管理

利用网络，可对学校的多媒体教室、课程等做出有效的安排，而不会出现冲突。这就需要高校教学管理人员提前了解当前学校教师的使用情况，例如使用时间、班级等。利用计算机对其使用情况进行安排，最大化地实现多媒体教室运用。同时，由于在高校内，一个教师，需要同时教授好几门课程，因此运用计算机可对教师的时间进行合理安排。总之，运用计算机，可以确保对校内的资源进行全面处理，做到优化配置，充分地发挥其教学服务作用。

（五）创建网络平台

网络平台的创建，有利于加强师生之间的合作。教师定期向网络平台上传教学资料，学生可自行下载，完成之后，进行上传。教学资料可以是文件、录像等。鉴于该信息被储存在网络平台上，教学管理人员可对其进行检查，审核教师的教学质量，同时也可定期抽查学生上交的作业，进行相关的教学评估。

随着当前社会发展速度不断加快，计算机互联网技术已经广泛应用于各行各业之中。计算机技术在高校教学管理中的应用，可有效促进高校在日常教学信息管理、教学资源规划、学生信息处理等方面的管理工作。同时，作为一种现代化的教育管理方式，它可以有效简化工作流程以及后续的相关信息查询工作，给高校的教学管理创造便利。希望计算机技术的运用能够在未来继续发挥出独特的作用，不断促进高校教学管理工作的开展。

第五节　基于专业人才发展导向的高校计算机实践教学

21 世纪是信息化时代，随着社会发展进程的加快，对于信息人才的需求量越来越大，对人才的质量要求也越来越高。在这样的大环境下，高校计算机教师必须要紧跟潮流，以促进学生更好就业为导向进行教学改革，使学生学到扎扎实实且符合当前社会发展需求的计算机知识与技术，以此提升学生的信息素养。

为了实现可持续发展，高校必须根据当前的就业需求进行教学改革，依据当前社会对现代化人才的要求和具体职位的岗位要求等调整教学策略，尤其是计算机应用技术这门学科，教师应当密切关注当前的就业形势，在这个基础上进行教学方法的改革和教学内容的优化，为社会培养出具有较高信息素养的现代化人才。在本节中，笔者就高校计算机应用技术教师如何基于就业导向进行教学阐述自己的几点思考。

众所周知，信息技术的发展速度非常快，这也意味着计算机知识有着非常快的更新速度。现如今，很多高校计算机应用技术教学仍然采取理论考试与教材学习相结合的教学模式，没有在教学体系中引入以就业为导向的教学方式。与此同时，用于计算机应用技术教学的软件存在版本过时的问题，实用性非常低，这让学生适应当前就业的能力受到严重限制。

就当前社会对现代化人才的需求情况来看，既需要人才具备一定的学习能力，还要具备动手实践能力。换言之，具有全面素质的学生相较于单纯成绩好的学生在社会上更受欢迎。但是，目前高校计算机应用技术教学只注重理论内容的传授，忽视了培养学生的实践能力，学生严重缺乏动手操作能力。正因为如此，很多学生走上社会后不能适应企业需要，不能在工作中有效应用自己学到的知识，导致就业情况不理想。

高校教师通常是毕业后就走上了教学岗位，缺乏实际工作经验。所以，很多教师虽然理论知识丰富扎实，但实践能力却比较差。加上部分教师对当下的就业形势关注不够，故不了解当前社会的人才需求，在进行教学改革的时候不知道从何着手。这也是高校学生在参与项目化实践活动中，遇到问题难以得到教师支持和指导的原因之一，这对计算机应用技术教学实效性的提升造成了一定的阻碍。

一、加强计算机师资队伍的建设

教育教学取得怎样的教学效果，在很大程度上取决于教师的教学能力。前文中也说到，现下高校计算机教师普遍存在理论知识丰富但实践能力差的问题，这在一定程度上抑制了学生实践能力的提升。在以就业为导向的高校计算机应用技术教学中，要想实现顺利改革，必须加强计算机师资队伍的建设。一般来说，对教师综合素质的提升可以从以下两个途径进行。

其一，对高校现有的计算机教师加强考核和培训力度。信息技术的发展速度比较快，计算机知识和技能的更新速度也比较快，教师必须要不断学习，才能进行有效教学。对于高校现有的计算机教师，学校要进一步强化考核和培训。一方面，针对计算机教师教学能力进行培训，包括职业素养，职业技能等。在这个基础上对教师进行考核和评价，评价低的教师需要再次进行培训。另一方面，学校要鼓励教师多参加各种业余学习，譬如学习计算机软件、计算机技术等。此外，学校要尽可能多给教师提供参加学习交流的机会，使教师在参观交流的过程中积极借鉴他人的教学经验，吸收新的教学理念和教学方法，并根据实情将其合理地运用到课堂教学之中。

其二，引进企业实践经验丰富的计算机教师。在以就业为导向的计算机应用技术教学中，教师要专注于学生就业能力的提升，在给学生传授计算机知识的同时致力学生职业素养的培养，这就需要具有丰富的企业实践经验的教师进行指导。为了实现这一目标，学校可以引进优秀的计算机教师，特别是有着较强计算机实操能力的教师，譬如在软件公司做过编程、软件开发等工作的人员，这样的计算机教师可以在课堂教学中给学生传授丰富的职业技能和企业工作经验，有利于提升学生的就业优势。

二、创新和改进计算机教学模式

在基于就业导向的计算机应用技术教学中，教师要摒弃传统的灌输式教学模式，以促进学生更快、更好地就业，从而要进行教学模式的创新与改革。在笔者看来，计算机教师在教学中可以适当地采取以下两种教学方法。

其一，案例教学法。在计算机应用技术教学中，仅仅对计算机理论知识进行讲解，让学生通过死记硬背的方式记住知识的方法是不可行的，这不仅会降低学生的知识吸收率，也不利于学生对计算机知识技能的理解和掌握，甚至会让学生逐渐丧失学习兴趣。而案例教学法是一个可取措施。教师可以在课堂上引进各种成功的案例，并根据这些案例和教学目标设置一些思考题，利用这些思考题激活学生的思维，深化学生对案例的理解，帮助学生进一步巩固知识。

其二，任务驱动法。要想提升高校学生的就业能力，不仅要传授学生计算机知识，还要加强对学生创新精神和团队意识的培养。传统的教学方法很难实现这个要求和目标，但任务驱动教学法的运用可以促进这一目标的落实。在实际教学过程中，计算机教师可以结合教学内容给学生设置合适的学习任务，比如设计网站等。然后进行小组分配，让学生以小组为单位互相讨论，各自交流彼此的看法和观点。

三、建立完善的计算机课程体系

完善的计算机课程体系是计算机教学取得实效性的前提和基础。前文中也说到，现下高校计算机应用技术教学中存在教学内容与当前社会脱节的问题。对于这一问题，计算机教师必须予以重视，在教学过程中不仅要对学生进行研究，对教材进行钻研，还要密切关注当前的社会就业形势，时刻了解社会的发展情况，尤其是学生即将从事的岗位对人才信息素养的需求变化。教师要根据社会发展动态对教学内容进行调整和优化，尽可能地将最前沿的计算机软件知识传授给学生，以此开阔学生视野，提升学生职业素养。譬如，学生将来从事的职业要求求职人员必须要掌握某一项新的软件，教师应当及时学习，在自己充分掌握的前提下将其纳入到教学体系之中，在课堂上对学生进行指导，以此提升学生的核心竞争力。除此之外，计算机教师在做好理论知识教学的同时，还要重视并加强对学生的实践训练，比如开展丰富多彩的计算机实践活动，举办网页设计大赛、PPT制作大赛等，以此提升学生的计算机应用能力，同时增强学生的表达能力和应变能力，使学生的综合素质得到全面发展。

在当前竞争激烈的就业环境下，站在就业的角度对高校计算机应用技术教学改革非常有必要，这样可以提升教学的针对性和实效性，有助于提升学生的专业素养和核心竞争力。既有利于学生今后更好的就业，也有利于企业获得合格的复合型人才，还能促进高校计算机教学事业的长足发展，可谓一举三得。所以，高校计算机应用技术应当以促进学生就业为导向加快教学改革步伐。

第六节　计算机专业人才培养中项目教学法的应用实践

目前，计算机技术已经广泛应用于人们日常生活的各个方面，通过将计算机理论知识应用于实践，实现了实时信息共享、随时随地获取各种信息资讯。因此，在高校的教学过程中，高质量计算机人才的培养需求越来越迫切，传统的教学模式存在一定的缺陷，在教学方法的变革中，项目教学法脱颖而出，其利于提高学生创新实践能力的特点受到众多高校的普遍认可，在高校计算机教学中应用项目教学法，能有效提高学生的自主学习积极性。可以说，项目教学法的应用为培养高质量的综合计算机人才提供了新的思路，为计算机专业的学生适应社会需求、增强就业竞争力起到了极其重要的作用。

一、项目教学法概述

（一）项目教学法的定义

在21世纪初，我国教育领域引入了项目教学法，这是一种通过教师与学生共同实施某个完整的项目，学生自主学习、教师辅助指导、师生协作来进行教学活动的方法。这种教学方法在形式上拉近了教师与学生之间的距离，教师与学生互相协作、共同配合，将理论知识与实践过程紧密联系在一起，在实施过程中也很好地拓展了学生的思维、锻炼了学生的实践能力。

（二）项目教学法的特点

项目教学法主要包括三个方面：设计环节、实施环节、评价环节。首先是教学场景的设计，确定项目的任务目标与实施计划。其次是学生独立探索实施，划分项目小组互相协作完成项目，最后是教师的评价环节，包括项目小组之间的互评自评以及教师对每个项目小组完成情况的优缺点评定。所以，与其他传统的教学法相比较，项目教学法有以下几个明显的特点：（1）教学效果好，教学周期短，伴随着项目的完成，教学活动也完成了。（2）有很明确的成果，便于师生根据项目的完成情况共同评价工作成果。（3）教师与学生共同协作，教师辅导，学生实践，提升了学习效率。（4）理论与实践相结合，使所学的理论知识具有实际的应用价值。（5）可以锻炼学生的实际操作能力，在增强学习兴趣的同时提高创造力。

（三）项目教学法的原则

项目教学法主要强调的是，学生在教师的辅导帮助之下，主动研究构建自己的知识体系框架而不是被动接受理论知识。与传统的教学方法比较，项目教学法遵循着以下几个教学原则：（1）以学生为中心，教师作为辅助。（2）以项目为中心，课本作为辅助。（3）以理论与实践结合为中心，课堂讲解作为辅助。（4）以知识与能力训练为中心，科学知识作为辅助。（5）以项目任务目标为中心，其他环节作为辅助。

二、高校计算机专业人才培养中项目教学法的应用过程

（一）储备知识，打好理论基础

在项目开展之前，教师和学生都应该完善自身的知识储备，保证储备充足的理论知识，为实践操作打下坚实的基础。因而，为了确保项目的顺利完成，达到学习目的，在项目开始前需要做到以下几点：第一，教师详细讲解计算机理论的重点、难点，便于学生理解和消化项目中的知识。第二，培养学生的创新思维与创新意识，锻炼学生自己思考问题、解决问题的能力。第三，加强了解项目环境，侧重讲解操作技巧以减少在项目实际操作过程中的失误。

（二）划分项目小组，平衡综合实力

划分项目小组对整体项目的完成起到很重要的作用。由于不同学生的理论知识水平以及实际操作能力都参差不齐，故在项目研究过程中，教师应根据学生间的差异来平衡项目小组的综合实力，根据每个人的特长来分配适合的任务，以此提高学生的积极性，增强学生的自信心。通过各个项目小组之间的互相协作，加上教师的指导，最终完成项目的研究目标。

（三）创造项目环境，设计项目环节

在高校计算机教学过程中，运用项目教学法的关键在于项目的设计。由于项目是高校计算机学生研究和学习的主要对象，所以在高校计算机教学中运用项目教学法的重点应该放在创造项目环境、设计项目环节上，将计算机课程的重点、难点与教学重点结合设计为项目的一部分，可以更好地让计算机专业的学生理解计算机知识、掌握计算机技能。与此同时，还要控制项目的难度，过于简单或者过于复杂都不利于学生的学习，太过简单不利于深度掌握知识，太过复杂不利于提升学习积极性，也会影响学生的自信。因此，良好的项目环境、难度适中的项目设计将是项目教学法应用于高校计算机教学的重点。

（四）制订实施方案，演示操作流程

在项目的研究过程中，具体的实施方案是对项目的整体规划，关系着整个项目的成败，因此在项目教学法中教师应辅导学生确定具体的实施方案。首先，在理论方面对计算机的理论知识体系进行分析，筛选出重点以及难点知识作为研究的基础。其次，教师应该为学生讲解具体的项目研究程序，简单地演示操作过程。最后，教师应该引导学生确定项目名称、操作流程、角色分工以及展示方法等，确保学生在项目的实现过程中减少失误，完成最终目标。

（五）确定成员角色，小组分工协作

在高校计算机教学中应用项目教学法，采取划分项目小组、互相协作的方式在增强学生的学习积极性、促进互相之间交流配合的同时，也可以提升学生的创新思维，锻炼学生的沟通能力以及思考解决问题的能力，增强学生的沟通与表达能力。在另一方面，也利于小组人员之间互帮互助、取长补短，为完成项目目标共同努力。小组学习研究的过程中应注意两点：（1）确定小组的研究目标，使项目小组所有人员朝着共同的方向努力，在完成目标的过程中互相配合、互相学习。（2）根据每个学生不同的知识水平以及学习能力进行定位，促进个性发展的同时减少内部矛盾的可能性，例如管理能力强的学生作为总体负责人，而表达能力强的学生负责成果展示等。

（六）项目成果展示，问题分析评价

项目教学法的最后一个环节是项目成果的展示，项目实施过程中所遇到问题的分析讲解以及教师的评价。展示的过程中，学生要负责说明整体项目研究的目的、遇到的问题以及解决问题的过程。在评价的过程中，教师要负责对于学生在研究过程中的解决问题能力、寻求解决办法的良好思路以及小组协作能力给予鼓励，肯定学生的成绩，同时指出学生在研究过程中出现的失误以及实际操作的不足，并给出相应的解决办法，以期促进学生长足的进步，也供其他学生学习与借鉴。

三、应用项目教学法应注意的问题

（一）合理安排课时

在高校计算机教学中应用项目教学法的前提是要求针对具体的计算机研究项目搜集理论知识、设计实施方案、创造项目研究环境等，这需要教师与学生都投入大量的时间与精力。因此，高校应该注重课时的合理安排，保证完成教学任务的同时尽可能地为学生提供实践研究的机会。

（二）改进教学评价

与传统教学模式不同，项目教学法注重的是提升学生的实际操作能力，增强自我学习、自我思考以及解决问题的能力，提高沟通协作能力与创新意识和创新思维。所以，在项目教学法中应该重视这几类综合能力的评价，不单单只看计算机理论知识的考试成绩，良好的教学评价体系是培养高质量人才的保证。

项目教学法是通过学生主动研究、教师辅助指导，教师与学生共同配合来完成一个项目，在项目的研究过程中完成计算机教学的方法。在高校计算机教学中应用项目教学法，可以将计算机理论知识与实际计算机操作技能紧密结合，以知识和能力训练为中心，大幅度提升学生的实际操作能力，增强学生的自我学习、自我思考问题、解决问题的能力，提高学生的沟通协作能力，培养学生的创新意识与创新思维。因此，在高校计算机教学中，项目教学法的应用对提升计算机教学水平，培养学生综合能力都有极为重要的意义。

四、高校计算机教学中项目教学法的应用策略

（1）加强基础内容教学。项目教学法的实施是一个循序渐进的过程，而基础内容则是这一过程中的必要前提和基本保障，只有学生先具备完善的专业知识才能使教学项目得以不断推进。所以，在高校计算机教学中教师就要着重加强基础内容教学，帮助学生做好项目学习各项准备。一是对于计算机编程、数据库与网络、硬件等重点和难点知识，要为学生进行详细讲解并组织相应的考核任务，确保每一位学生都能够理解和消化；二是在组织项目教学前要向学生介绍项目的研究环境、操作技巧、流程规划等内容，使学生能够提前做到心中有数，避免在项目过程中出现失误和慌乱情况；三是要对学生的学习思维进行引导纠正，指导学生逐步改变以往的应试学习方法，缩短学生对项目教学适应期，继而达到事半功倍的项目效果。

（2）精心设计项目主题。高校计算类课程教学内容比较复杂，既有办公软件使用等简单知识，也有代码编写、网络维护等深奥知识。因而，教师在应用项目教学法时要精心设计项目主题，遵循趣味性与挑战性相结合和理论性与实用性相结合的原则，使学生既可

以在项目学习中学到相应知识和技能，也可以逐步培养自身的计算机兴趣，提高学生的学习成就感。比如，根据当前移动互联网的计算机发展趋势，教师可以为学生制订"制作手机游戏"的项目主题，为学生布置编写项目计划书、设计游戏界面、编写游戏代码以及上架应用商店的具体环节，通过将完整的软件开发流程融入教学项目中，就可以为学生的持续性学习指明前进方向，使学生能够由浅入深逐步完善自身的计算机知识架构。

（3）合理划分项目小组。项目小组是项目教学法实施的基本形式，也是影响项目教学法落实情况的重要因素。所以，在高校计算机教学中，教师要合理划分项目小组，注意每个学生之间知识水平与实践能力的差异，为学生营造出互帮互助的积极学习环境，并且要使每个小组之间的实力保持在同一水平，从而引导学生互相竞争，挖掘学生的内在学习潜力。例如，对于"制作手机游戏"这一项目，教师可以规定每组成员为3—6人，先由学生按照自身意愿自由分组，再由教师根据具体情况进行调整，使每个小组内都有成绩好和成绩稍弱的学生互相搭配，而后为每个小组指定一位综合能力较强的学生担任组长，并由组长对组员进行学习分工，将项目的各个学习内容分派到学生身上。

（4）尊重学生主体地位。项目教学法是以学生为中心的一种教学方法，其强调项目实施过程中，学生是唯一的主体，而教师则担任辅助性的角色。因此，在高校计算机教学中，教师要着力尊重并保障学生学习的主体地位，改变以往直接向学生传授知识结果的模式，指导学生在项目学习中逐步掌握学习方法，为学生提供自由发挥空间和平台，使学生能够发散思维，不断积累有益的学习经验。比如，在"制作手机游戏"这一项目代码编写环节，学生很容易遇到困难，不知道该选择何种设计模式，这时教师不能直接给出答案，而应该指导学生到专业网站上了解其他软件开发者的意见和经验，并为学生下载相应的微课视频供学生自主学习，使学生能够完整掌握项目实施的各方面因素，促进学生在项目体验中培养自身的探究意识和创新精神。

（5）多维评价项目成果。项目评价是项目教学法实施最终环节，也是教师总结教学过程与学生总结学习过程的重要阶段。在这一阶段，教师要改变以往"唯分数论"的评价方式，从项目实施的具体过程出发，从不同维度对学生学习情况进行点评，使学生能够清晰准确地认识到自身学习中的优点与不足。例如，在"制作手机游戏"这一项目完成后，教师可以先让学生进行自评和小组互评，引导学生从学习者和参与者角度进行反思。而后，教师再根据项目反馈制订出评价表，其中包含学习态度、项目结果、进步幅度、项目问题等各方面标准，并依据这些内容给学生打分，对学生做出过程性评价，对于分数较高的学生和小组，教师要表扬和奖励，并鼓励其到讲台上分享学习经验，对于分数较低的学生和小组，则要适当批评，指导其深刻认识到学习的薄弱之处，从而共同进步、共同提高。

项目教学法是进行高校计算机教学的一种高效优质方法，教师可以从加强基础教学、精心设计主题、合理划分小组、尊重学生主体以及多维评价项目等方面入手，合理开展项目教学活动，使学生逐步学会计算机，学精计算机。

第七节　微课模式在高校计算机专业人才培养中的应用实践

随着社会的发展，越来越多的高校对计算机基础课程教学越来越重视，针对目前教学中存在的不足，通过对微课教学的研究及优势分析，提出基于微课新形式信息化的高校计算机基础课程的教学模式，且将微课教学与传统教学相结合，采用微课作为教学的补充模式，使微课成为课堂教学有效的、有益的补充，从而提高教学效果。

随着现代社会科学技术的迅猛发展及新课程改革进程的深入推进，计算机技能不仅成为当代大学生所必须具备的基本素质，同时还需要对其进行良好的掌握，实现全面发展。高校计算机基础课程是我国高等学校培养大学生掌握计算机基础知识、基本概念和基本操作技能所必修的一门基础课程，通过教学实践，培养学生的信息技术知识、技能、能力与素养，使学生成为满足社会需求的技能型复合型人才。微课是现代信息化进程的必然产物，是以微信、微博等现代化软件为教学载体，以其短小精悍、知识点清晰为优势的一种教学方法。在高校计算机基础课程教学改革中引入微课的教学模式，可以将现代的教学手段与传统的教学方法相互结合，形成良性互补和有益延伸，有利于增强课堂教学效果，提高课堂教学质量，提升学生的自主学习能力和创新能力。

一、现高校计算机基础课程教学现状及问题

（一）课程教学大纲及知识体系与学生实际需求之间的矛盾

高校计算机基础课程的教学目标是通过对比较全面、概括性的计算机科学基础知识和理论的课堂学习与必要的实践，使学生能够掌握基本的计算机操作和使用技能，提升自身使用计算机搜索处理数据的能力，具备利用计算机获取知识、分析问题、解决问题的意识和能力。

在现在的高校计算机基础课程主要的教学内容包括：计算机基础知识、Windows 基本操作、Word 文字处理、Excel 电子表格处理、Powerpoint 演示文稿处理、计算机网络基础、网页制作、多媒体技术基础、信息安全等。由于知识点较多及课时有限等原因，以上 Office、Windows 等都是最基础的操作，其他知识点也是比较简单的介绍，这已无法满足学生在未来就业时企业的需求及自身专业需求。同时，因高校学生来自不同地区，区域信息化及学习能力的差异使学生在学习中的表现参差不齐，故教师在教学中很难统筹兼顾、因材施教，从而影响教学成效。

（二）课程教学评价体系与教师教学目标之间的矛盾

大部分高校目前仍然以学生期末考试的及格率或参加全国计算机等级考试的过级率作

为计算机基础课程教学质量考核评价的主要方式和评判依据。这就造成了教师对计算机基础课程的定位不够明确，更多时候把精力放在应对提高及格率或过级率上，采用通过理论课上对考试题库里的题目进行讲授，学生在实践课上对这些题目进行操作练习的教学方式，忽视各专业对其的需求。这使一部分学生平时不认真学习，考前搞突击，只要在考前把题库里的题目背熟，就可以通过期末考试。这种教学方式和手段，无法激发和提高学生自我学习、自主研讨和解决实际问题的能力，考试的成绩也无法真实地反映学生对计算机基础课程知识模块的掌握程度，难以较为全面客观地考察、评价学生的学习状态和学习效果。

（三）以教师为中心，忽视学生差异

教师在计算机基础课程的教学中，为了在有限的课时内完成教学任务，强调教师的主导作用，忽视学生的主体地位，往往采用传统的"填鸭式"和"满堂灌"授课方式，缺少师生互动、研讨环节。由于教学方法单一、僵化，容易使学生成为教学的被动者和知识的接受者。该课程都是针对大一新生开设的，然而新生对计算机技术的掌握、接受知识的能力程度原本就存在较大差异，在这种统一教学内容和进度的教学前提下，教师这种方式会在更大程度上再一次出现差异扩大化，"吃不饱"和"吃不了"的现象成为常态。

（四）教学课时不足与教学模式深入改革之间的矛盾

根据各高校的人才培养方案，许多高校对计算机基础课程教学进行改革，教学模式由"教—学"改变为"教—学—做"一体化。然而计算机基础课程大多只开一个学期，理论和实践操作两者总课时大都在64—76个学时之间。由于教学大纲中的知识点很多，这与有限的课时之间的矛盾，导致教师在教学环节中无法深入讲解或剖析重点和难点，学生在学与做的环节中只掌握较简单的知识点和最基本的操作，无法真正将知识点学透，更无法培养学生的计算思维及综合应用能力。

二、微课教学模式在高校计算机基础课程教学中的优势

微课是以微型教学视频为主要载体，针对某个学科知识点（如重点、难点、疑点、考点等）或教学环节（如学习活动、主题、实验、任务等）而设计开发的一种情景化、支持多种学习方式的新型在线网络视频课程，不受时间和空间的限制，具有主题明确、高效便捷、短小精悍、便于移动学习的特性和优势。由于微课具有对内容把握的灵活性，对重点、难点、疑点、主题及活动等把握的准确性，对教学过程具有探究性，对教学设计具有完整性，对学习者具有趣味性的特征，能够提高教学效果，使得微课能在计算机基础课程教学中得到应用和推广。

三、微课教学模式在高校计算机基础课程中的应用探究

（一）微课教学模式与传统模式相融合

微课以一定的组织关系和呈现方式营造一个半结构化、主题式的资源环境。微课讲授的内容呈点状、碎片化，这些知识点是知识解读、问题探讨、重难点突破、要点归纳；也可以是学习方法、生活技巧等技能方面的知识讲解和展示。所以，对于一个结构完整的教学过程而言，微课教学的内容仅是这堂课的一部分，如果把课堂教学视为一个整体、一个面，那微课教学便是这个面上闪耀的有限个点，即微课教学只是课堂教学的重要补充，是为了提高教学质量而进行的，并不能完全代替正常的课堂教学。因此，微课教学与课堂教学中的目标体系、内容等相融合，作为教学有效的、有益的补充模式。

（二）微课教学模式设计在高校计算机基础课程教学中的应用

从教与学的角度分析，微课在计算机基础课程的教学应用中可以分为教师授课和学生自主学习、移动学习两方面。现把这两方面融合在教学过程设计中，则信息化微课教学模式应用于教学包括构建新知导读设计、强化知识及信息素养设计、加强自主学习培养计算思维设计、巩固已知测试评价设计。

1.构建新知导读设计

计算机基础课程涉及的内容较多，操作实践性较强，但学生在学习新课时，对该课的学习目标、知识体系等一知半解，故教师在设计微课教学时，应以学生、课程的特点为基础，灵活设计教学及学习计划，以学生所学过的基础知识及新课所需的衔接知识制作创新的、启发式的导读微课，并且让学生在课前提前观看、学习。这样学生的学习就具有了针对性，并对将要学的知识有一定的感性认识，为学习新知识做准备，从而激发学生的求知欲和兴趣。

2.强化知识及信息素养设计

教师在进行微课教学设计时，要体现出教学中的碎片化、高效化的主要目标，要基于知识情节，结合专业背景及特点，同时坚持从学生角度出发，适当加入与学生本专业相关的信息。因此，微课中的内容要有的放矢、强化突出，使学生对此内容强化记忆，强化理解，进而更好地培养学生的信息素养，让微课成为课堂教学的重要补充。教师可以将整个教学切片，一个切片可以是一个知识点，也可以是一个疑难问题、一个重点、一个议题等，每一个切片制作成一个微课，然后对这些切片进行分类。分类的方式可以按难易程度、形式、层次或主题等，学生可以根据自己掌握的情况、兴趣等选择相应的微课进行学习。在学习的过程中，可自行掌握学习程度，调节、控制播放次数、进度。通过学生有目的地选择学习内容，达到不断强化学习知识和培养信息素养的效果，使得学生在不同层面得到不同程度的提高。

3.加强自主学习培养计算思维设计

计算机基础课程包括理论知识和操作实践两大部分，学生仅通过课堂教学是较难完全掌握所学的全部知识的，所以教师可以设计多种形式的微课推送给学生，引导学生自主学习。为了增强学生的自主学习意识，教师可以采用任务驱动的方法，以生活实际中与教学联系紧密的案例为载体，合理地引入一个个学生可以接受的具有综合性及创新性的思维拓展类的学习任务，并激励学生积极主动寻求解决问题的思路，继而培养学生探索精神和思维。同时，在微课教学过程中，还需对完成以上任务所需的知识内容、解决途径及在解决问题的过程中出现的情况一一讲解，并引导学生如何运用计算思维方法解决、完成此任务，使学生从中获得成就感，从而提高学生的学习自主性。

4.巩固已知测试评价设计

课堂上学习结束并不表示学生对此节课中的内容已全部掌握，教师要把一些微课（如实训讲解过程等）上传到学习软件系统，让学生练习巩固，便于学生有针对性地复习，提高实践技能。同时，学生利用微课系统平台中的评价资源自我测试评估，及时了解自己的实际掌握情况，从而按需学习、查缺补漏。此外，教师也可以通过这个评价，掌握学生微课学习情况，有利于开展针对性指导，提高教学效果，并且可以从中了解自己在教学中的不足，完善提高教师自身的教学水平。

微课课程作为一种新兴的教育方式，其教学模式的应用有效提高了教学质量，成为传统教学的有益补充，在改变传统的教育模式和学生学习方式上取得了一定的效果。

参考文献

[1] 翟伟芳，王艳，冀松．地方本科院校计算机专业双元化人才培养模式研究 [J]. 中国科技期刊数据库科研，2022（8）：4.

[2] 张晶．应用型本科计算机技术下"以学生学习成果"为导向的评价模式研究 [J]. 电脑知识与技术：学术交流，2022（003）：018.

[3] 高巍巍．地方应用本科院校产出导向，产教融合人才培养体系实践 [J]. 计算机教育，2022（12）：1.

[4] 李赫飞．基于应用型人才培养的独立学院大学计算机基础课程改革的探索与实践 [J]. 中国宽带，2022（1）：133—134.

[5] 罗忠亮．新工科背景下应用型高校校外实践教学基地建设探索 [J]. 黑龙江教师发展学院学报，2022，41（12）：38—40.

[6] 李韦红．应用型人才培养模式下计算机网络技术专业教学实践课程体系建设探索 [J]. 电脑与电信，2022（5）：4.

[7] 管艺博，徐萍．本科院校计算机应用基础"金课"建设探索 [J]. 吉林农业科技学院学报，2022，31（4）：89—92.

[8] 刘丽军．1+X 证书背景下"产教融合，校企合作"计算机应用技术专业人才培养模式改革研究 [J]. 科学咨询，2022（15）：148—150.

[9] 林传銮，刘勍．中外合作办学国际化应用型计算机人才培养模式 [J]. 齐齐哈尔师范高等专科学校学报，2023（1）：4.

[10] 耿庆田，王春艳，范木杰，等．师范高校计算机专业人工智能课程设置探讨 [J]. 长春师范大学学报，2023，42（4）：4.

[11] 蔡宇．新工科背景下计算机科学与技术专业复合型人才培养模式的探索 [J]. 创新创业理论研究与实践，2022（14）：3.

[12] 卢欣欣，李靖，郭丽萍，等．新工科背景下计算机应用型创新人才培养研究 [J]. 科技与创新，2022（8）：4.

[13] 魏士伟，邓维，饶雪峰．地方高校计算机类专业应用型人才培养模式研究——以桂林航天工业学院为例 [J]. 西部素质教育，2023，9（9）：5.

[14] 陈楠，闫丽宏．信息与计算科学专业应用型人才标准化培养模式研究 [J]. 大众标准化，2022（16）：4—6.

[15] 路雯婧, 赵秋实, 王克朝, 等. 地方应用型本科高校计算机类学生创新创业能力培养模式的探索与研究 [J]. 中文科技期刊数据库（文摘版）教育, 2022（1）: 4.

[16] 吕涛. 基于应用型人才培养的软件工程教学探讨 [J]. 电脑与电信, 2022（9）: 44—47.

[17] 文欣. 以应用型人才培养为导向的 "Java框架技术" 课程改革的研究 [J]. 南方农机, 2022, 53（24）: 188—191.

[18] 田广强, 解博江, 王丹. 大类专业与产业教育融合的应用型高校鲲鹏人才培养模式研究 [J]. 河南教育: 高教版（中）, 2023（2）: 3.

[19] 苏亮亮, 杨亚龙, 张睿, 谢陈磊. 新工科背景下地方应用型高校协同育人模式探究——以计算机科学与技术专业为例 [J]. 科技创新导报, 2022, 19（4）: 159—162.

[20] 许薇. "新工科" 背景下应用型本科院校计算机科学与技术专业产教融合模式探索与实践 [J]. 中文科技期刊数据库（全文版）教育科学, 2022（4）: 4.

[21] 刘俊杰, 黄梦莹. 计算机科学与技术专业应用型人才培养模式探究 [J]. 市场调查信息: 综合版, 2022（6）: 00122—00124.

[22] 王超, 薛佳楣, 张磊, 等. 校企合作视域下计算机专业创新创业人才培养路径探究 [J]. 电脑知识与技术: 学术版, 2022, 18（31）: 3.

[23] 王承龙, 李浪, 赵辉煌, 等. 以项目为驱动的计算机类专业应用型人才培养模式探究 [J]. 电脑知识与技术: 学术版, 2022, 18（33）: 3.

[24] 刘京京. 高职院校计算机应用型人才培养路径研究 [J]. 开封文化艺术职业学院学报, 2022, 42（5）: 71—73.

[25] 樊彦瑞. 基于 "互联网＋" 平台的计算机专业教学改革及应用型技术人才培养研究 [J]. 中国新通信, 2022, 24（5）: 3.

[26] 肖辉. 融合双创教育的计算机专业应用型人才培养模式研究 [J]. 中国科技期刊数据库, 2022（12）: 4.

[27] 张显, 石元泉, 米春桥, 等. 地方院校国家一流本科专业应用型人才培养探索与实践——以计算机科学与技术专业为例 [J]. 软件导刊, 2023, 22（4）: 7.

[28] 印丽娅, 娄亚鑫. 高校计算机科学与技术专业应用型人才培养模式分析 [J]. 电脑乐园, 2022（10）: 0175—0177.

[29] 袁书萍, 张蕊, 叶承琼. 基于教学竞赛平台的 "递进式" 计算机类专业应用型人才培养研究 [J]. 铜陵学院学报, 2022, 21（4）: 110—112.